ÉLÉMENS

D'HYGIÈNE VÉTÉRINAIRE.

Imprimerie de LEBÈGUE, rue des Rats, n° 14,
près la place Maubert.

ÉLÉMENS
D'HYGIÈNE VÉTÉRINAIRE,

SUIVIS

DE RECHERCHES

SUR LA MORVE, LE CORNAGE, LA
POUSSE ET LA CAUTÉRISATION;

A L'USAGE

DES VÉTÉRINAIRES, DES CULTIVATEURS
ET DES OFFICIERS DE CAVALERIE,

Par GODINE JEUNE,

Cultivateur – Propriétaire, Membre de plusieurs
Sociétés savantes, et Ex-Professeur vétérinaire
à l'École d'Alfort.

Ad utilitatem.

A PARIS,

Chez L'HUILLIER, Libraire, rue des Maçons-
Sorbonne, n° 1.

1815.

PRÉFACE.

L'Auteur, mettant à profit quelques loisirs que lui laisse l'agriculture, cède aux vœux de l'amitié, et se dispose à publier successivement le fruit de ses méditations et de son expérience ; il commence par la partie de ses travaux qui, ayant d'abord paru sous forme d'instruction pour la cavalerie, lui a mérité les suffrages des hommes instruits. Ce Traité sera bientôt suivi de son Cours sur l'éducation et les maladies des bêtes à laine, avec le Précis de ses observations et de ses expériences sur le troupeau d'Alfort.

L'hygiène vétérinaire est une branche de l'art aussi neuve qu'intéressante. On est généralement convaincu

1*

qu'il est plus avantageux et plus sûr de prévenir les maladies des animaux que de les combattre. Les passions des brutes, dirigées par les goûts et les habitudes propres à chaque espèce, n'apportent pas comme dans l'homme ces bouleversemens, ces désordres si remarquables dans les appareils de la vie ; aussi leurs maladies simples dans leurs causes et provoquées pour le plus grand nombre par les abus du régime, sont prévenues ou traitées avec succès par les moyens hygiéniques.

L'Auteur, ne considérant ce travail que sous le point de vue de l'application pratique de ses principes, l'a dégagé des nombreux préceptes de la théorie, méthode classique qu'il avait adoptée lorsqu'il professait l'hygiène générale à Alfort. Il espère, par ce moyen, rendre son ouvrage d'une utilité plus immédiate.

En publiant, à la suite de ses Élémens d'hygiène vétérinaire, des considérations sur la morve et un projet d'expériences sur cette maladie meurtrière, son but n'est pas seulement d'exciter l'attention publique sur un sujet d'une si grande importance, mais d'engager en même temps les hommes de l'art à observer en général avec plus de soins les maladies contagieuses: ces recherches, qui exigent du temps et des sacrifices, ne peuvent être suivies avec l'espérance du succès que dans les établissemens publics; elles tourneraient même au profit de l'instruction des étudians; mais les écoles vétérinaires, et plus particulièrement celle d'Alfort, peuvent-elles atteindre le but de leur institution, tant qu'on leur conservera leur organisation vicieuse : c'est cette conviction qui a déterminé l'Auteur à quitter sa chaire à Alfort pour aller

goûter ailleurs la tranquillité si nécessaire à l'homme qui se consacre aux
études et aux méditations. Il appelle
également l'attention des vétérinaires
sur la maladie contagieuse des vaches,
qui exerce de si grands ravages dans
le moment même où il écrit. Pourquoi n'ordonne-t-on pas des recherches publiques sur cette terrible maladie (1)? On se contente d'annoncer
qu'elle est incurable; mais l'a-t-on
étudiée sous tous ses rapports, l'a-t-on
inoculée, a-t-on fait toutes les recherches nécessaires avant de porter un
jugement sur un sujet d'un aussi grand
intérêt? Je le répète, ce n'est que dans
les établissemens vétérinaires, qu'on

----

(1) Au lieu de faire tuer et les bêtes saines et celles
qui sont atteintes, moyen plus fâcheux que le mal, on
néglige l'isolement, mesure sanitaire si simple et si
utile : c'est par elles que j'ai préservé, dans ce canton,
toutes les fermes et villages qui ont eu le bon esprit de
l'adopter.

peut se livrer à ces recherches ; le Gouvernement doit s'empresser d'en offrir les moyens en faisant quelques sacrifices qui seront amplement payés par la science : l'amour du bien public dicte ces vœux de l'Auteur, et quels que soient les hommes qui rendraient ces services éminens, il les en bénira.

Son travail sur la pousse, est le fruit d'expériences faites en commun avec M. Dupuy, son ancien collègue et son ami ; Alfort se loue d'avoir un professeur aussi savant, aussi modeste que rempli de zèle. Voilà les hommes qu'il faudrait encourager au lieu de les persécuter.

La nécessité de faire de grandes et sages expériences sur la morve est sentie par tous les esprits ; les cris de l'ignorance ou d'un vil intérêt ne peuvent obscurcir la vérité, il faut qu'elle éclate dans tout son jour ; si la morve est contagieuse , les mesures sanitaires sont très-insuffisantes , puisqu'elles consistent dans le sacrifice de l'animal; mais les écuries où il a été reçu, mais les animaux qu'il a touchés, mais les harnais qu'il a portés, comment sont-ils dépouillés des miasmes contagieux; si la maladie est organique, si elle n'est que la phthisie nasale ulcérée, et que l'expérience prouve qu'elle n'est pas contagieuse, pourquoi tuer tous les animaux qui sont atteints et qui rendraient encore de si bons services? La sagesse et l'observation doivent seules diriger dans la recherche de la vérité, et je connais peu de sujets plus dignes de l'attention des vétérinaires.

Un Traité sur l'application du feu ou de cautère actuel termine l'ouvrage : l'auteur, qui a fait un si heureux usage de ce moyen dans sa pratique, a cru devoir considérer cette matière avec toute l'attention qu'elle mérite ; il ne connaît aucun écrit *ex professo* sur ce sujet, et la chirurgie humaine ne pouvait lui offrir de grandes ressources, puisque, sous ce point de vue pratique, la vétérinaire est plus avancée ; c'est donc de l'observation qu'il a tiré le plus grand nombre des principes émis, et sa nouvelle méthode de cautériser n'a pas peu contribué à fixer son attention sur ce sujet et à lui fournir les matériaux de ce travail : ses recherches sur le cornage et la pousse indiquent aux jeunes vétérinaires la route de l'observation ; c'est le moyen de ne pas s'égarer au milieu des préceptes de la théorie et de faire faire des progrès durables à la science.

ÉLÉMENS

D'HYGIÈNE VÉTÉRINAIRE.

RÉGIME DU CHEVAL MIS AU VERT.

Les expressions donner le vert, mettre au vert, régime du vert, sont synonymes; elles indiquent l'emploi qu'on fait des tiges, des feuilles et des fleurs de plusieurs plantes fraîches herbacées que des chevaux nourris habituellement au sec mangent dans quelques circonstances et pendant un temps déterminé, soit au pâturage, soit dans l'écurie.

Il n'existe d'autre différence entre la nourriture verte et la nourriture sèche, sinon que la dernière est privée de son eau de végétation, que ses principes nutritifs sont plus rapprochés, qu'ils ont éprouvé une certaine préparation par le fanage, préparation qui rend l'aliment sec plus fortifiant, plus tonique. La plante fraîche, au contraire, se trouve plus ou moins chargée de son eau de végétation; ses principes nutritifs sont plus délayés et bien moins élaborés; le liquide aqueux, introduit en trop grande proportion dans l'économie de l'animal par l'appareil digestif, agit par ses propriétés connues : il relâche la fibre, diminue son énergie et sa contractilité.

Ces effets débilitans du vert l'ont de tout temps fait bannir des postes, des messageries, enfin de tous les établissemens où les chevaux, soumis à des travaux pénibles et soutenus, font un emploi continuel de leurs forces. On cite à peine quelques exemples capables de modifier, mais non de détruire ce précepte justifié par l'expérience.

Le régime absolu du vert doit donc être administré avec prudence et circonspection, surtout aux chevaux de guerre qui entrent en campagne; il est inutile, même nuisible, à ceux qui sont habitués au sec et qui conservent à un degré convenable leur embonpoint et leur santé : dans un tel état, un changement de régime peut troubler les fonctions et affaiblir l'animal. J'entends par régime ab-

solu du vert, l'usage exclusif des végétaux
frais : cette distinction est importante, car j'ai
vu des chevaux aux armées soutenir assez bien
les fatigues, quoique nourris partie au sec,
partie au vert : on remarquait toutefois qu'ils
n'avaient pas autant d'haleine et de jarret que
de coutume, qu'ils faisaient des déperditions
plus abondantes par les voies urinaires et
perspiratoires, circonstance propre à produire
des maladies, surtout dans les contrées méridionales , puisque toute évacuation abondante affaiblit.

Indication du Vert.

Cependant le vert est utile aux jeunes chevaux lorsque le service pénible de la guerre
les a jetés dans un état marqué de maigreur ;
lorsque de longues courses, de grandes déperditions, des alimens mal choisis, durs, grossiers, ont fait naître de l'irritation dans divers
organes. Il est également indiqué, à la suite
des maladies inflammatoires causées par les
fatigues, par un régime échauffant, par des
alimens secs, irritans. Les chevaux qui sont
dégoûtés, qui maigrissent sans causes appa-

rentes, ceux qui ont des vers, ceux dans lesquels le travail de la dentition se complète, réclament aussi la nourriture verte.

On reconnaît son utilité, dans ces diverses circonstances, aux crotins secs et brûlés, aux urines rares, à la sécheresse de la peau, à son adhérence aux surfaces osseuses, à la physionomie triste de l'animal, à sa maigreur, à sa bouche sèche plus ou moins brûlante, au peu d'amplitude du ventre, et surtout au désir que le cheval manifeste pour la nourriture verte.

Le vert est souvent le seul moyen de curation des maladies vermineuses; il n'est pas moins utile pour la guérison de la gale et des dartres; il convient pour rétablir la santé, pendant ou après des affections aiguës, inflammatoires de la tête, de la poitrine et de l'abdomen : il est indiqué dans les grandes plaies pour réparer les pertes causées par une suppuration abondante. Les boiteries accompagnées de douleurs vives, d'irritation intense, cèdent souvent à son usage. On a quelques exemples de paralysies combattues avec succès par l'emploi du vert, lorsqu'elles sont déterminées par une exaltation trop prompte des propriétés vitales ; cependant cet ordre de maladies exclut, en général, le régime du vert. Il convient pour la guérison des eaux aux jambes, des crevasses, des plaies, des maladies des pieds et des articulations : on le défend dans les eaux aux jambes, lorsqu'il y a tendance à l'hydropisie, à l'engorgement froid des extrémités, et à la diminution sensible d'action du système absorbant. Le vert rétablit promptement les aplombs dans les jeunes chevaux dont les jambes sont engorgées, dont les tendons et les abouts articulaires sont fatigués.

Contre-indication du Vert.

Il est nuisible aux vieux chevaux, surtout si leur digestion est lente, si leur poitrine est délicate, si les jambes sont œdématiées. Tout animal qui est ou qui a été affecté d'une maladie chronique, produite par la faiblesse, doit être privé du vert ; le farcin, la morve, les œdèmes de la poitrine, du ventre, des extrémités, les tendances aux hydropisies, les catarrhes anciens, la fausse gourme, la pousse, les maladies chroniques de la poitrine (ancienne courbature) dégénérées en adhérence de la pleuvre, en induration du tissu du poumon, en tubercules, surtout lorsqu'ils sont suppurés, les paralysies produites par la faiblesse, proscrivent absolument le régime du vert. Il est indiqué ou défendu dans la gourme, suivant le caractère aigu ou chronique de cette maladie : lorsqu'elle s'annonce avec des signes violens d'inflammation qui demandent un régime modérateur et la saignée, le vert est utile ; il devient dangereux si la gourme prend une marche lente, si elle s'éloigne du type inflammatoire.

Cette distinction du danger ou de l'utilité du vert est de la plus grande importance et mérite la plus sérieuse attention : lorsqu'il est contre-indiqué, il développe rapidement la maladie et lui laisse faire des progrès tels que les secours bien indiqués de l'art sont souvent impuissans pour les arrêter. Dans une première erreur commise, on voit combien il est urgent de réparer la faute ; mais comment y parvenir, si on méconnaît les signes certains des mauvais effets de l'aliment vert ? L'expérience m'a fait de bonne heure distinguer cet écueil, et je me suis attaché à le bien signaler. Voici à quels signes, on juge dans les cinq à six premiers jours, des avantages ou des effets nuisibles du régime vert :

Signes certains des bons effets du Vert.

Quand le vert convient au cheval, la peau s'assouplit et se couvre bientôt d'une poussière grasse, résidu de la perspiration cutanée; les urines coulent en abondance; elles sont sédi-menteuses ou jumenteuses; la physionomie de l'animal devient plus vive, plus gaie, il mange avec plus d'appétit; son ventre est souple, arrondi; sa fiente, d'abord liquide les premiers jours, devient plus consistante, mieux élaborée; l'animal bondit et marche avec assurance, avec liberté.

Signes évidens des mauvais effets du Vert.

Quand le vert est nuisible ou contre-indiqué; le cheval reste faible, triste, son poil est hérissé, sa peau sèche, tendue, la bouche pâle et flasque, les urines sont claires, rares, le ventre est balonné, tendu; l'animal mange avec lenteur ou perd l'appétit, la mastication est accompagnée d'un bruit aigre ; les jambes et le fourreau s'engorgent , s'infiltrent ; la fiente est liquide , souvent fétide ; on y distingue les brins d'herbes non altérés par les sucs digestifs et nageant dans un liquide de couleur variée. Un cheval qui présente une partie de ces symptômes doit être promptement remis à une nourriture sèche bien choisie; bien fortifiante , à laquelle on joint des médicamens toniques, tels que les amers, les astringens, la gentiane, les préparations de fer, etc.

Influence de l'habitude sur le régime vert.

Les animaux élevés au sec refusent les alimens verts; il serait dangereux de changer leurs habitudes : ceci est fréquent dans les chevaux de race.

On remarque aussi que certains chevaux, habitués au régime des écuries, refusent de paître ; on sent que pour ceux-ci il est indispensable de donner le vert an ratelier, lorsqu'il est d'ailleurs indiqué et convenable à leur état. Les animaux placés dans cette circonstance feront une exception aux règles que nous éta-

blirons sur le choix du vert pris aux pâturages ou à l'écurie.

Effets ordinaires du Vert.

Pour bien apprécier les effets ordinaires du
vert, il faut les considérer sous des points de
vue différens.

Nous avons déjà établi que les plantes fraîches, herbacées, formant la nourriture verte,
contenaient une plus ou moins grande quantité d'eau de végétatiou, suivant la nature du
végétal et du sol où il croît, que ce principe
aqueux (eau de végétation) relâchait la fibre,
diminuait les propriétés vitales, et disposait à
l'engraissement, en raison de son abondance
et de la nature des sucs propres des plantes
qu'il pouvait renfermer : ainsi les premiers
effets ordinaires du vert sont relâchans, ou,
pour parler la langue médicale, le vert est
laxatif et non pas purgatif, comme l'annoncent plusieurs auteurs qui ont traité cet article.
En effet, une substance laxative, l'eau chaude,
les gommes, les mucilages, etc., agissent en
relâchant la fibre et rendent les excrémens plus
ou moins fluides : le vulgaire appelle cet effet

une purgation ; mais les médecins appellent purgatifs des substances plus ou moins irritantes (des sels , des résines , des extracto-résineux) qui sollicitent une action plus forte dans le tube intestinal , et qui déterminent une sécrétion plus abondante des follicules muqueux de la membrane interne des intestins. Ces fluides, plus abondans que de coutume, ne sont pas repris par les absorbans irrités par l'action purgative ; ils se trouvent entraînés et délayés dans la fiente, et produisent des stercorations liquides : voilà le véritable effet purgatif. Il y a donc irritation , augmentation d'action dans le canal intestinal, et, par conséquent , dérangement maladif produit par la substance purgative, tandis qu'il y a relâchement, diminution d'action par la substance laxative, sans signes maladifs : voilà ce qui ne permet pas de confondre ces deux états opposés des organes digestifs.

La nourriture verte est plus facile à digérer, si l'animal est sain. Lorsque les premiers effets laxatifs sont produits , le cheval , jouissant d'un air pur et du repos, conditions favorables à la nutrition , prend un embonpoint croissant : c'est surtout à ces deux causes qu'on

doit attribuer la prompte réparation des pertes
de l'animal ; bientôt les stercorations sont
moins liquides, elles prennent successivement
une consistance notable, preuve de l'énergie
des absorbans et des bons effets du vert : c'est
ainsi que, quand il est convenable, son effet
laxatif disparaît au plus tard dans les douze
premiers jours de son usage.

En somme totale, les effets du vert, bien
indiqué et bien administré, sont de favoriser
la vie nutritive ou l'engraissement, et de modifier la vie animale ou le développement des
forces du sujet : c'est pourquoi le cheval de
guerre, de poste, de messagerie, ne doit être
soumis qu'avec prudence au régime vert, surtout lorsque son indication est bien constatée.
Je sais bien que les écuyers, les marchands de
chevaux et les demi-connaisseurs, qui jugent
souvent du mérite du cheval par son embonpoint, donnent la préférence au régime vert
qui rétablit promptement les chevaux ; mais
les bons observateurs n'oublient pas que le
cheval ainsi rétabli est souvent ce qu'on appelle un *animal refait*. Malheur à l'acheteur
qui fait une telle acquisition ; au moindre
exercice, cet animal refait est couvert de

sueur, il perd l'appétit et retombe promptement dans l'état de maigreur que le vert avait fait disparaître, cause prédisposante de plusieurs maladies graves. Ces suites fréquentes du régime vert prouvent bien qu'il ne faut le pratiquer que d'après des indications certaines. Ainsi, tout cheval de guerre qui ne souffre pas du régime sec, doit y être maintenu : s'il est permis de s'écarter de ces principes, ce n'est qu'en modifiant l'effet ordinaire du vert. J'ai connu la méthode de M. Cretté de Palluel lorsqu'il donnait le vert aux chevaux de sa poste ; il mélangeait partie égale de bon foin, de chicorée sauvage et de luzerne verte ; il employait ses chevaux à la charrue pendant la durée de ce régime, et ne les ramenait au service de sa poste qu'avec précaution.

Chargé en 1796, à l'armée du nord, du traitement de 5000 chevaux mis au vert, j'ai modifié avec le plus grand succès les effets débilitans de ce régime, en conservant aux chevaux, pendant toute sa durée, la ration accoutumée d'avoine. Cette pratique facile a prévenu les effets ordinaires de la transition du vert au sec, et je n'ai pas eu le chagrin de voir disparaître promptement le bon état de ces chevaux lorsqu'ils ont été remis au travail et à la nourriture sèche ; il est facile de se rendre compte des avantages de cette méthode par l'expérience suivante : Le chyle d'un animal nourri au vert est acqueux, peu concrescible, tandis que dans le même animal nourri au grain et au sec, il est épais, et forme un caillot solide , très-volumineux ; d'où on doit conclure que le régime sec est plus corroborant que celui du vert.

Époque convenable pour donner le Vert.

La nature prend soin d'indiquer elle-même l'époque la plus convenable pour mettre le cheval au vert ; il faut donc consulter et les goûts de l'animal et l'état de la végétation.

Les goûts du cheval sont manifestés par l'empressement qu'il montre à manger même de mauvaises herbes, par son dédain pour les alimens secs ; c'est au printemps et en automne que ce changement des goûts du cheval est le plus apparent ; au printemps surtout, l'état de l'atmosphère fait désirer une nourriture rafraîchissante, lorsque l'animal éprouve un changement particulier qu'on appelle *mue*.

L'état de la végétation est facile à déterminer; c'est l'époque de la floraison des prairies naturelles et artificielles, moment où les tiges et les feuilles des plantes jouissent au plus haut degré de leurs sucs nutritifs.

La méthode de donner le vert à l'écurie ou dans la praire mérite également une distinction, par rapport à l'époque convenable d'user de ce régime : au printemps, les insectes sont moins répandus qu'en automne; le vert à la prairie est donc à préférer; en automne, au contraire, pour éviter la tourmente des insectes ailés, on donne le vert à l'écurie. L'influence du climat, de la température n'est pas moins importante à connaître; il est des printemps, des automnes pluvieux qui prescrivent le vert mis dans le ratelier; tandis qu'une atmosphère sèche et douce fait donner la préférence au vert dans la prairie. Je citerai à l'appui de ce principe un exemple tout-à-fait récent. Consulté sur la cause de la maigreur d'une jument nourrice très-distinguée qu'on avait abandonnée nuit et jour dans un pâturage abondant, mais dans un temps humide, je fis disparaître promptement les effets nuisibles du froid humide, en ordonnant la continuation du régime vert à l'écurie.

On choisit assez généralement dans tous les pays les mois de mai et de juin pour donner le vert; cette époque peut être plus hâtive de vingt à trente jours dans les régions du Midi : règle générale. Il est avantageux de ne pas donner le vert trop tôt, c'est-à-dire, à une époque où les plantes sont aqueuses, moins nutritives ; il débilite moins, lorsque les herbes sont plus avancées dans leur végétation : alors leurs sucs sont mieux élaborés, moins aqueux, ils produisent moins cet effet laxatif et débilitant dont nous avons parlé, et l'animal est ramené plus facilement au régime sec dont la succession exige des ménagemens jusqu'ici trop méconnus.

Durée du régime vert.

On ne peut établir une règle fixe sur la durée du régime vert ; celle d'après laquelle on peut se guider, c'est d'en discontinuer l'emploi aussitôt qu'il a produit l'effet désiré, le rétablissement de la santé et de l'embonpoint. La nature du vert, la méthode de le donner, la constitution du cheval, son âge, son développement, son service, etc., sont autant de points à considérer, pour faire cesser ou continuer cette nourriture. La durée la plus courte du régime vert est de vingt jours, la plus longue pour le cheval de guerre est de quarante-cinq à cinquante jours ; terme moyen, un mois. Il est souvent dangereux de prolonger au-delà de cette époque l'emploi du vert, surtout si l'animal est destiné à un service pénible ; il finirait par contracter l'habitude de cet aliment, et ne serait plus disposé au régime sec et au travail ; tandis que le cheval employé à la culture s'accommode fort bien de ce régime.

Préférence à accorder à l'une des méthodes de donner le vert.

Pour mieux apprécier les avantages et les inconvéniens des diverses méthodes de donner le vert au cheval, nous croyons utile de nous livrer à quelques considérations préliminaires ; avant de choisir l'une de ces méthodes, il faut bien distinguer les intérêts de l'herbager de ceux du corps de cavalerie , ou du propriétaire du cheval.

Les méthodes de faire prendre le vert peuvent se réduire à quatre.

1º On abandonne le cheval en liberté dans une prairie ;

2º On divise le local en plusieurs parties ou sections : les chevaux sont placés successivement dans ces divisions de prairies ;

3º On établit un hangar dans une portion du terrein , on y place des rateliers et des auges pour recevoir le vert comme à l'écurie, seulement les chevaux ne sont point attachés ; ils errent en liberté dans cet espace plus ou moins étendu ; mais clos ;

4º Le vert est donné à l'écurie, où les chevaux sont placés comme de coutume.

Cette distinction établie, nous devons faire connaître les intérêts de l'herbager dans le choix d'une des quatre méthodes indiquées, et leur fréquente opposition avec ceux du propriétaire du cheval.

Il y a toujours économie de nourriture verte, lorsqu'on la donne à l'écurie ; rien ne se perd, toutes les plantes sont mangées à peu près indistinctement, lorsque, surtout, on a

soin de distribuer le fourrage en petite quantité à la fois ; tandis que les chevaux qui
paissent en liberté choisissent les plantes, dédaignent les plus grossières, qui, bientôt,
envahissent et détruisent la prairie, ou bien
ils foulent les autres herbes, les gâtent et les
imprègnent de leurs excrémens. L'herbager
soigneux préfère donc couper l'herbe, plutôt
que de laisser paître les animaux : la conservation de sa prairie et une sage économie lui
commandent cette méthode de donner le vert.
Des calculs positifs démontrent qu'une étendue
déterminée de prairie nourrira le double d'animaux, si on en fauche l'herbe au lieu de la laisser
paître. Ainsi, dans tous les pays où les fourrages sont rares et précieux, on préfère, d'après
ces motifs, la méthode du vert à l'écurie ; au
contraire, dans les contrées où les pâturages
sont peu coûteux et très-abondans, pour
éviter les frais de fauchage et de transport de
l'herbe, on préfère le vert en liberté, méthode
qui détruit à la longue les prairies et les couvre
de plantes grossières, au lieu d'herbes délicates qui y croissaient. Malgré ce grave inconvénient, le propriétaire qui adopte l'usage du
vert en liberté, obtient une sorte de compen-

sation en engraissant son pâturage, sur lequel l'urine et la fiente des animaux sont répandues sans aucuns frais.

L'intérêt de l'herbager préside donc souvent au choix de la méthode du vert, sans avoir égard à celle qui convient le mieux à la santé du cheval : les auteurs qui ont discuté sur les avantages et les inconvéniens de ces méthodes, n'ont pas assez réfléchi sur cet obstacle. Quoi qu'il en soit, nous noterons plusieurs particularités qui forcent d'avoir recours exclusivement à telle ou telle pratique de donner le vert.

On a souvent remarqué que des chevaux élevés au sec ne pouvaient paître, et que leurs productions éprouvaient la même difficulté.

Des chevaux de haute taille mis au vert en liberté, dépérissent souvent au lieu d'engraisser: ceux qui ont la queue coupée et qui ne peuvent se garantir des insectes ailés, sont dans le même cas. Tous les chevaux de race qui ont la peau très-sensible, très impressionable, ne peuvent supporter la fraîcheur des nuits : pendant le jour, ils se tourmentent pour échapper aux piqûres des insectes ailés, et ne mangent point. Combien de chevaux distingués, mis

au vert dans les environs de Paris, abandonnés
nuit et jour dans les prairies, maigrissent sensiblement et contractent des dispositions à des
maladies très-graves.

Les chevaux bocagers, c'est-à-dire, ceux
qu'on a élevés sur les herbages, s'engraissent
promptement sur les prairies et préfèrent le
vert en liberté.

On croit assez généralement que l'habitude
de paître déforme l'encolure du cheval et
change les aplombs des membres antérieurs.

Dans les pays chauds, où la chaleur est in-
tolérable pendant la journée, où des myriades
d'insectes tourmentent les animaux exposés à
l'air libre, où les nuits sont froides, on préfère,
avec raison, le vert donné à l'écurie.

Dans les régions tempérées et septentrionales, où les insectes sont généralement moins
nombreux et moins nuisibles, où les pâturages
sont fermés de haies et offrent des abris, où
les prairies sont abondantes, le cheval y prend
le vert à la prairie ; un exercice salutaire, un
air pur, la liberté dont il jouit, la faculté de
suivre ses goûts, son appétit, tout concourt
à faire donner la préférence au vert pris aux
pâturages.

La nature des herbes qui composent la nourriture verte, devient souvent une cause déter-
minante dans le choix d'une des quatre méthodes.

Le vert de froment, d'épeautre, de seigle,
d'avoine, d'orge, non épiés, qu'on est souvent obligé d'épamper dans les terres très-
fertiles ou dans des printemps très-favorables à
la végétation ; celui des prairies artificielles de
luzerne ; de trèfle, de sainfoin, de vesce, de
gesse, de bisaille, de féverolles, de maïs, etc.,
ne peuvent être donnés qu'à l'écurie, ou, tout
au moins, sous le hangar.

J'en dis autant des prairies naturelles non
closes, d'où les chevaux s'échapperaient et se
répandraient dans les propriétés voisines,
tandis que les pâturages courts, mais délicats des montagnes, les prairies naturelles bien
closes, bien divisées, les pays où le foin est
très-abondant, où la main-d'œuvre est chère,
deviennent autant de motifs qui font préférer
le vert en liberté.

Les chevaux abandonnés sur les pâturages
sont exposés à plusieurs accidens et à quelques
influences maladives, tels que les coups de
pied, les morsures, les contusions, les plaies

faites lorsqu'ils veulent franchir les haies, les barrières qui les retiennent ; telles encore les impressions causées par un changement brusque de température, les pluies froides, les orages, l'ardeur brûlante du soleil, la fraîcheur des nuits. Qu'on joigne à ces influences maladives la difficulté de graduer le changement de nourriture, d'y apporter quelques modifications en donnant un peu de sec avec le vert, ou bien en continuant la ration d'avoine, la difficulté de surveiller les animaux, de distinguer promptement ceux auxquels le vert est utile ou nuisible, ceux qui requièrent la saignée, qui, pour cela même, doivent être mis à la diète et qu'il est important de ne pas laisser paître les quatre ou cinq jours suivans, à cause qu'en baissant la tête, il se formerait inévitablement un trombus ; tous ces motifs puissans, et souvent réunis, font aussi préférer le vert à l'écurie ou sous le hangar. Il est cependant quelques maladies qui exigent le vert en liberté : les diverses affections des pieds, les engorgemens tendineux, les articulations fatiguées, ruinées, les eaux aux jambes, les crevasses, les poireaux, l'application du feu aux extrémités, les claudications, etc., trouvent souvent dans ce régime le meilleur moyen curatif.

Le vert, donné à l'écurie, indépendamment du choix des plantes, compose une nourriture moins fortifiante ; le repos dont jouit le cheval est lui-même débilitant, l'animal n'a point sa liberté, il n'est pas maître de choisir ses alimens, son appétit est moindre, ses digestions incomplètes ou dérangées ; aussi remarque-t-on que cette méthode de donner le vert expose à des suites plus fréquemment funestes, la faiblesse, l'engorgement œdémateux des jambes, du fourreau, prédispositions aux diverses sortes d'hydropisies. Le vert, pris à l'écurie ou sous le hangar, exige d'ailleurs un transport continuel de fourrages frais : ces plantes, entassées ou coupées à de trop grands intervalles, sont susceptibles d'altérations, et deviennent, en conséquence, plus ou moins nuisibles.

Le hangar, construit sur une portion de la prairie et environné d'une clôture, tient le milieu entre ces diverses méthodes ; il n'a presque point d'inconvéniens et réunit la plus grande partie des avantages du régime vert. Le transport du fourrage est peu coûteux et très-facile, il évite la précaution nuisible de couper trop d'herbes en même temps, il met les chevaux à l'abri des injures de l'air et des insectes, il favorise un exercice salutaire qui entretient la souplesse et la force des organes locomoteurs, qui excite toutes les fonctions et contribue, autant que le vert lui-même, à leur rendre leur première energie.

D'après toutes ces observations, il nous semble que, quelle que soit la méthode que les localités ou l'opinion fassent adopter, il est facile de modifier les inconvéniens plus ou moins graves qu'elles présentent : par exemple, le choix du vert le plus fortifiant, soit par la nature des plantes échauffantes, soit par le mélange du sec avec le vert, soit en joignant à ce régime la ration d'avoine, un pansement régulier de la main, une promenade de deux heures tous les jours, quelques bains de rivière dans les belles journées, l'attention de tenir le hangar ou l'écurie bien propres, bien aérés, de ne couper le vert que de six heures en six heures, de ne point l'amonceler ni le laisser fermenter, remédieront aux inconvéniens du vert pris à l'écurie.

L'habitude de rentrer les chevaux pendant

la nuit, et aux heures de la journée où la chaleur et les insectes deviennent incommodes, l'usage des caparaçons, l'attention de déferrer les quatre pieds, de mettre des gardiens soigneux, attentifs, l'exactitude du vétérinaire à visiter les chevaux tous les jours, le choix des pâturages et leur succession ; voilà autant de moyens hygiéniques propres à prévenir les suites funestes et les accidens qui résultent quelquefois de l'emploi du vert pris à la prairie.

Choix du Vert, son degré de végétation et de maturité.

Les plantes vertes dont le cheval se nourrit appartiennent plus spécialement aux familles nombreuses des graminées et des légumineuses, un plus petit nombre à celles des personnées, des rosacées, des flosculeuses. (*Voyez* l'article Fourrages secs.)

Guidés par les principes que nous avons établis sur la préférence qu'on doit accorder à l'une ou à l'autre des quatre méthodes de donner le vert, suivant l'état des animaux, les localités, la nature des plantes, etc., nous rangerons dans deux séries toutes les herbes qui peuvent composer la nourriture verte.

PREMIÈRE SÉRIE.

Plantes vertes données à l'écurie ou sous le hangar.

FAMILLE DES GRAMINÉES.

Vert obtenu des Graminées.

LES pampes ou feuilles de froment, d'épeautre, de seigle, d'avoine, d'orge, de maïs, soit que ces cultures soient disposées dans cette intention, soit que la force de la végétation exige l'épampage, sont assez généralement employées avec avantage dans le régime vert.

On doit user avec discrétion des pampes de froment et d'épeautre ; c'est une nourriture stimulante et cordiale qui dispose aux maladies pléthoriques : pour éviter ces mauvais effets, on mélange les fanes ou feuilles de froment avec des herbes ou plantes plus ou moins aqueuses ou peu nourrissantes, souvent même avec du fourrage sec : l'herbe des prés sert surtout de correctif dans ce cas ; la dose des feuilles de froment, pour un cheval de taille moyenne, est de vingt à vingt-cinq kilogrammes (*quarante à cinquante livres.*)

Le seigle en vert n'exige pas la même précaution ; il est souvent cultivé avec les fèves, les vesces, les bisailles, etc. ; on le coupe au moment où les épis sortent du tuyau ; il est donné à la ration moyenne de trente à trente-cinq kilogrammes.

Les avoines sont rarement destinées à cet usage, excepté celles qui ne prometteut pas une bonne récolte : on les coupe en vert avant ou après la sortie de l'épi ; la dose est la même que celle du seigle.

L'orge, surtout celle connue sous le nom d'*escourgeon*, de *sucrion*, est essentiellement consacrée à cet usage ; elle est fauchée avant la sortie de l'épi, à cause de l'irritation que produiraient les barbes de cette graminée : c'est une nourriture dont le cheval est très-friand et qui répare promptement ses déperditions. C'est à juste titre qu'on lui donne la préférence sur tous les autres fourrages verts ;

la ration d'un cheval de taille moyenne, pendant vingt-quatre heures, est de trente à trente-cinq kilogrammes.

Les tiges, les feuilles de maïs, avant la floraison, sont aussi employées avec le même succès et à la même dose que l'orge.

FAMILLE DES LÉGUMINEUSES.

Vert obtenu des plantes légumineuses.

CETTE famille sert essentiellement à former les prairies artificielles : à la tête de cette classe se trouve la luzerne verte, plante très-recherchée par le cheval ; on la coupe de préférence à l'époque de sa floraison ; alors elle réunit au plus haut degré les propriétés nutritives ; elle ne peut être nuisible au cheval que lorsqu'elle est donnée en trop grande quantité ou lorsqu'elle a passé à un état plus ou moins avancé de fermentation acéteuse et putride, suite de l'entassement ou de l'humidité de la plante ; sa dose ordinaire, lorsqu'elle est fraîche et bien conservée, est de trente à trente-cinq kilogrammes pour vingt-quatre heures. C'est

une des substances vertes qui est la moins relâchante ; elle convient donc lorsque le cheval
est disposé aux affections produites par un
état de faiblesse.

Le sainfoin est dans le même cas que la
luzerne ; il réunit les mêmes avantages, sans
être toutefois exposé à s'altérer aussi facilement ; il est donné à la même dose ; on cite
cependant des exemples de chevaux qui ont
mangé soixante-quinze kilogrammes de cette
plante pendant vingt-quatre heures, sans
éprouver d'indigestions ; mais, à mon avis,
l'abus même des meilleures choses peut devenir funeste.

La luzerne et le trèfle, couverts de rosée,
mangés en vert avant la floraison, surtout dans
les journées chaudes et humides, donnent lieu
à des indigestions ou météorisations : les ru-
minans y sont très-exposés. Pour prévenir une
mort très-prompte dans ces animaux, on pratique souvent la ponction du rumen. Cette
opération est facile et assez constamment suivie
de succès dans le bœuf : cependant je donne
la préférence au tube creux et flexible nommé
serpentin, dont la forme s'approche de celle
d'une sonde creuse ou algalie ; on l'introduit

par la bouche et l'œsophage pour le faire parvenir dans le rumen ou premier estomac, afin de donner issue aux gaz qui distendent cet organe : on pourrait user de ce moyen dans les autres animaux.

Le cheval, l'âne et le mulet sont très-rarement exposés à cette sorte de météorisation causée par le trèfle et la luzerne. On croit qu'ils doivent cet avantage au mode de mastication et d'insalivation plus complètes dans ces animaux. Du reste, nous sommes loin d'adopter le moyen proposé par certains auteurs, la ponction de l'estomac, cette opération est bien plus difficile dans les espèces du genre monodactile, à cause de la position de leur estomac environné et dérobé de toute part par des viscères importans à ménager. Toutes les fois que j'ai vu tenter ce moyen, au lieu de sauver le cheval, il a provoqué sa mort par des épanchemens dans la cavité abdominale. Mais la nature de ce travail ne me permet pas de me livrer à des discussions sur toutes les maladies produites par un usage immodéré du vert, je dois me borner à indiquer les moyens propres à les prévenir.

Le trèfle cultivé en prairies artificielles ne

doit être administré en vert qu'avec beaucoup
de prudence : c'est une des plantes qui, sous
forme verte et sèche, expose le plus aux indigestions les animaux qui s'en nourrissent
exclusivement. C'est tout au moins ce qu'une
longue expérience démontre en France, tandis
qu'il paraîtrait qu'en Angleterre ce fourrage,
généralement employé, ne produit pas des
effets aussi fâcheux. Est-ce le climat, la qualité propre de la plante, le régime particulier des animaux qui établissent cette différence essentielle ? c'est un objet bien digne de
l'attention des hommes de l'art. Quoi qu'il en
soit, le trèfle contient beaucoup d'eau de végétation, ce qui le dispose à une prompte
altération. Je conseille de le mélanger avec
d'autres fourrages, ou verts ou secs, qui aient
des propriétés opposées ; il faut aussi ne le
couper qu'en petite quantité à la fois, surtout
après que l'humidité et la rosée sont dissipées
entièrement ; son usage doit être d'autant plus
restreint, que j'ai un grand nombre de preuves
qu'il possède, même sous forme sèche et comme
nourriture exclusive des propriétés nuisibles,
celles de causer fréquemment des maladies pléthoriques (apoplexies, coups de sang); il dispose

souvent aux affections gangreneuses ; sa dose, *lorsqu'il est mélangé avec partie égale d'herbes des prés ou de fourrages sains*, est vingt-cinq à trente kilogrammes.

On cultive, pour donner en vert, les diverses espèces de vesces, de gesses, de pois, de lupins, de lentilles, de fèves, de féverolles, etc. Le moment le plus favorable pour leur emploi est l'époque de la formation de leurs graines ; il est démontré que ces genres divers de plantes sont alors plus riches en principes nutritifs : ils sont donnés à la même dose que la luzerne et le sainfoin.

L'herbe fraîche des prairies naturelles est fauchée et donnée à l'écurie, ou sous le hangar, avec le même succès que celle des prairies artificielles. On choisit l'époque de la floraison de la plus grande partie des plantes qui couvrent ces prés ; on la donne à la dose moyenne de trente à trente-cinq kilogrammes.

DEUXIÈME SÉRIE.

Plantes vertes prises par le Cheval en liberté dans la prairie ou le pâturage.

Régime vert dans le pâturage.

On distingue trois sortes de prairies naturelles ou prés, par rapport à la nature, à la qualité des herbes qui y croissent : prairies hautes, fines, ou de première qualité ; prairies mélangées de plantes dures, ligneuses, moins fines, moins délicates ou de deuxième qualité ; prairies formées de mauvaises plantes : les joncs, les laiches, les roseaux qui croissent dans les lieux humides, marécageux ; plantes indigestes et n'ayant aucune propriété nutritive, ou prairies de mauvaise qualité et du dernier ordre.

On distingue aussi les prés gras et les prés secs.

Quelques auteurs préfèrent le vert pris sur des prairies basses, humides et même marécageuses, parce que ces plantes grossières et

aqueuses purgent les chevaux et plus promptement et plus abondamment. J'ai fait connaître
le jugement qu'on devait porter sur cette opinion erronée : une pareille qualité de vert
doit être rejetée ; les chevaux la dédaignent et
ne s'en nourriraient qu'à défaut de bons fourrages.

On doit choisir, en conséquence, les prairies
de première et de deuxième qualités pour le
régime vert, soit à l'écurie, soit en liberté,
par différens motifs.

Le plus puissant est que ces prairies sont
formées essentiellement de plantes saines, nutritives, tirées des familles des graminées et
des légumineuses ; que cette nourriture est
très-propre à réparer rapidement les pertes
occasionnées par des maladies inflammatoires,
par un travail excessif, par un régime échauffant, etc ; enfin, que cette qualité d'herbes n'est
pas trop relâchante ni affaiblissante, et que les
chevaux soumis à ce régime sont moins exposés à perdre leur énergie et leur aptitude
au service.

On distingue les prairies sèches des prairies
abondantes : ces dernières conviennent davantage à la nourriture des jumens et des pou-

lains. Les prés secs et élevés fournissent une herbe sapide et tonique, propre à soutenir les forces des animaux adultes et à conserver au cheval sa vigueur.

Indépendamment des qualités des plantes et du terrein, on doit, avant de se décider sur le choix du vert, s'assurer que ces prairies naturelles ou artificielles n'ont pas été récemment couvertes de certains engrais qui, quoique très-favorables à la végétation, ont imprimé à ces plantes une saveur et une odeur plus ou moins désagréables qui les font dédaigner du cheval : c'est ce qui arrive assez fréquemment près des grandes villes. La couleur verte très-prononcée, la vigueur de ces végétaux, sont un indice qu'il ne faut pas négliger : c'est ainsi que la poudrette, le plâtre, la chaux, certaines boues des villes, les fumiers de boucheries, des matières animales putréfiées, etc., donnent une activité étonnante à la végétation, mais communiquent aux herbes ou plantes une saveur désagréable et une odeur manifestement repoussantes. Les chevaux refusent cette sorte de pâturage, ou bien, s'ils sont forcés de s'y nourrir, ils maigrissent et tombent malades : on ne doit, dans

aucun cas, excepté dans la disette de bons fourrages, faire usage de ces prairies.

Règles générales sur la nourriture verte.

Comme les terreins qui sont destinés à
fournir le vert, ou à être pacagés, présentent
des nuances plus ou moins sensibles dans la
bonté des plantes, il importe de faire manger
d'abord les qualités inférieures et successivement les plus délicates : par ce régime, on
aiguise l'appétit des animaux, la digestion est
plus active, le cheval augmente en forces et
en embonpoint.

Si, au contraire, on donne dans le principe
les meilleures qualités du vert, au lieu de les
réserver pour la fin de ce régime, les chevaux, afriandés par ces plantes savoureuses
et délicates, négligent bientôt les herbes ou
les pâturages qui leur sont livrés par la suite,
et maigrissent au lieu de profiter.

Cette attention est de la même importance
lorsque le vert est pris en liberté ou à l'écurie.
Il faut sans doute attribuer à l'expérience la
division des pâturages en plusieurs sections,
qu'on abandonne successivement aux ani-

maux , ou qu'on fauche , les unes après les autres, autant pour économiser l'herbe, que pour donner dans le principe de ce régime les portions les moins délicates. On voit souvent le cultivateur intelligent qui ne possède que des prairies de première qualité, recourir à des mélanges de substances moins nutritives, moins savoureuses, telles que les plantes obtenues par le sarclage, la paille , etc., afin de ne pas satisfaire et détruire l'appétit de ses animaux.

Plantes nuisibles.

Les meilleurs alimens sont susceptibles d'altérations lorsqu'ils sont placés dans certaines circonstances : l'aliment vert fermente avec la plus grande facilité, et acquiert ainsi des propriétés nuisibles. Nous indiquerons à l'article suivant les moyens d'éviter cette altération.

Sous le nom de plantes nuisibles, nous entendons plus particulièrement parler de celles qui ne sont point alimentaires et qui sont irritantes, âcres, stupéfiantes ou bien vénéneuses.

Un animal abandonné dans une prairie, guidé par ses goûts, évite de lui-même les plantes nuisibles ; et je ne connais pas encore d'exemples de chevaux, paissans sur de bons pâturages, qui se soient empoisonnés en mangeant des végétaux âcres ou stupéfians. Quelquefois les pâturages deviennent accidentellement nuisibles : c'est ce qui arrive aux prairies bordées de frênes qui attirent la cantharide. L'insecte vésicant tombé sur l'herbe est avalé par l'animal et agit comme un poison très-actif, soit en détruisant la membrane interne de l'estomac, soit en portant une irritation spécifique sur les organes urinaires et génitaux : les breuvages adoucissans, mucilagineux et calmans, la saignée, une diète sévère, voilà les indications à remplir dans cette maladie.

Le coquelicot (*papaver rhœas*), la sanve ou fausse moutarde (*sinapis arvensis*), etc., qui croissent souvent en abondance dans les avoines, les fromens, et quelquefois dans les prairies artificielles, deviendraient nuisibles s'ils étaient mélangés au vert dans une certaine proportion : il est donc nécessaire de ne pas admettre cette qualité d'herbes. Dans le cas où on aurait fait usage de ces plantes nuisibles, et que, par les principes âcres et irritans de la sanve, par la propriété plus ou moins stupéfiante du coquelicot, des indigestions viendraient à se manifester, on les combattrait, avec succès, par des breuvages fortement acidulés par le vinaigre ordinaire.

Rarement on trouve des plantes vénéneuses sur les pâturages fins et élevés : les ellébores, les tytimales, la petite ciguë, etc., ne sont pas mangés par le cheval paissant en liberté. Si ces plantes se trouvaient dans le vert donné à l'écurie, on les écarterait, quoique les chevaux aient eux-mêmes grand soin de les laisser. Dans le cas, très-rare, où des animaux pressés par la faim auraient mangé ces herbes malfaisantes, le vinaigre, à forte dose, est le meilleur antidote.

Les ciguës, les renoncules, plantes très-âcres, très-vénéneuses, croissent plus particulièrement dans les prairies basses, marécageuses : nous avons rejeté cette qualité de pâturages. Si un cheval était empoisonné par l'usage de ces végétaux nuisibles, c'est encore le vinaigre à grande dose, et ensuite les mucilagineux, qui annulleraient les effets de ce poison.

Les joncs, les roseaux, les laiches ne deviennent nuisibles qu'en irritant les parois de l'estomac par les surfaces âpres de leurs feuilles : le besoin seul, ou la privation de bons fourrages, peut décider le cheval à se nourrir de semblables plantes, tandis que le bœuf les recherche avec une sorte de prédilection.

Heures du Repas pendant l'usage du Vert.

Les chevaux paissent rarement pendant la nuit, surtout lorsque la rosée et l'humidité couvrent le pâturage : on doit suivre cette indication de la nature. Ainsi, l'herbe ne doit être fauchée et donnée à l'écurie, qu'après l'évaporation de la rosée ou de l'humidité.

L'herbe mouillée fermente facilement ; elle relâche davantage l'animal. Ces principes posés, le vert doit être récolté après la rosée et fauché de six heures en six heures, pour ne pas éprouver d'altération.

État et quantité d'Herbes à donner au Cheval.

J'ai fixé, à l'article de chaque qualité du vert, la dose à donner pendant vingt-quatre heures ; il me suffit d'ajouter ici que, pour ne pas épuiser l'appétit du cheval, que, pour ne pas lui causer d'indigestions, de dégoût, il faut donner peu et souvent.

Le premier repas commence à six ou sept heures du matin, il suit immédiatement le pansement de la main : ce premier repas se continue jusqu'à midi, de deux heures en deux heures, en donnant chaque fois, pour un seul cheval, trois ou quatre kilogrammes d'herbes. On fait de semblables distributions de midi à quatre heures ; une promenade au pas succède ensuite, et, si l'eau est douce, un bain de rivière termine cet exercice salutaire à six heures du soir, époque à laquelle recommencent de nouvelles distributions de vert, également espacées jusqu'à dix heures du soir. On fait une abondante litière au cheval pour qu'il goûte un parfait repos.

On coupe deux ou trois fois par jour la provision de vert convenable, savoir, à dix heures du matin pour la nourriture du soir, et à six heures du soir pour la distribution du matin : à ces époques du jour, on ne peut redouter ni la rosée, ni l'humidité, causes fréquentes des coliques.

Le vert est transporté, ou sur des voitures, ou sur des chevaux, ou sur des charrettes à bras; quel que sóit le mode de transport, il ne doit pas se faire pendant l'ardeur du soleil, ni lorsque l'herbe est couverte de rosée; le soleil flétrit promptement les plantes, il leur enlève une partie de leurs qualités; l'humidité les dispose à la fermentation, alors elles acquièrent des propriétés nuisibles.

Manière de conserver le Vert.

On dépose le vert en petits tas sur des claies, sur de la paille sèche et propre, dans les aires des granges ou sous des hangars; une attention importante, c'est de l'éparpiller, de ne pas l'amonceler; il doit être à l'abri de la pluie et du soleil : avec de telles précautions, il est impossible que le fourrage vert puisse s'altérer.

Les auges, les rateliers, les lieux servant de dépôts de verts, doivent être appropriés et nettoyés chaque jour.

Nous ne croyons pas devoir discuter sérieusement la méthode abusive d'arroser le vert, pratique désastreuse et qui conduit promptement le cheval à un état de faiblesse, d'où il est souvent difficile de le tirer : cette circonstance maladive, qu'on appelle dégoût, est combattue d'abord par certains auteurs au moyen d'excitans, de stimulans : le crocus, l'aloës, etc.; puis par la saignée qui augmente la débilitation. Il est bien plus simple de ne pas affaiblir l'animal, alors on est dispensé de relever ses forces; mais combien de contradictions semblables et aussi évidentes s'observent dans la médecine vétérinaire, qui ne fera de progrès assurés que lorsqu'elle ne sera exercée que par des hommes instruits et bons observateurs.

Si le vert est mouillé accidentellement, on ne doit en user qu'après qu'il a été privé de son humidité, soit en l'exposant dans un lieu convenable, soit en le mêlant avec des fourrages secs.

Régime avant et après le Vert.

Quelques auteurs ordonnent de préluder à la nourriture verte par le son mouillé ou frisé. Je ne vois pas l'utilité de cette précaution ; dans tous les cas, douze à treize litres de son remplacent la ration d'avoine durant les trois à quatre jours qui précèdent l'emploi du vert.

Le plus grand nombre des écrivains prescrit , sans distinction , la saignée : c'est une autre erreur , non moins importante , à signaler.

Indication de la Saignée. Abus de cette pratique.

On ne peut nier que la perte du sang ne soit un des grands moyens de débilitation que le médecin tient en son pouvoir; mais doit-il en abuser ?

Nous avons prouvé que le régime vert affaiblissait; or, il contre-indique la saignée en général. Cette opération n'est utile que pour parer à l'état pléthorique : le dégoût, le poil piqué, la respiration laborieuse, oppressée, la bouche chaude et sèche, la fiente dure, coiffée, la température de la peau trop élevée, les membranes muqueuses du nez, de la bouche gorgées de sang , enflammées, surtout le pouls dur et plein, voilà les signes qui indiquent la saignée; elle est contre-indiquée et funeste, si l'animal est affaibli; elle est inutile, si le cheval est gai, si sa peau est souple, luisante, si la perspiration est bien entretenue, si les urines sont abondantes et sédimenteuses : c'est ordinairement dans la première quinzaine que l'état pléthorique se manifeste.

La saignée à la veine jugulaire est défendue pour les chevaux qui paissent en liberté. Si on veut éviter un trombus, il faut pratiquer cette opération aux veines des ars ou aux thoraciques externes (veines de l'éperon). L'action de baisser la tête, d'incliner l'encolure, favorise l'épanchement du sang dans le tissu cellulaire et le trombus se forme, ou bien l'hémorragie se manifeste, et l'animal peut périr, si on ne le place pas dans une situation convenable, en l'attachant au ratelier et en lui faisant garder le repos.

La quantité de sang à tirer est déterminée d'après l'âge, la force du sujet, et surtout d'après ses dispositions pléthoriques. Un litre ou un kilogramme de sang est un terme moyen qu'il ne faut pas dépasser du double.

Les médicamens sont inutiles, et souvent dangereux, si le vert agit bien, s'il était indiqué ; quand il est contraire, le moyen le plus sûr de parer aux accidens est de ramener de suite le cheval au régime sec, de lui donner deux onces de gentiane en poudre, ou soixante-quatre grammes dans son avoine, d'animer l'eau de sa boisson par douze à quinze grammes de sulfate de fer; de choisir les alimens secs les plus savoureux, les plus cordiaux, pour s'opposer aux maladies qui naîtraient de l'état de faiblesse occasionné par la nourriture verte : toute autre médication serait dangereuse ou au moins inutile.

Un exercice doux, un pansement de la main bien exact, sont indispensables pendant le régime du vert. Tout esprit juste et observateur s'étonne de voir des idées contraires propagées et accréditées par l'ignorance.

La propreté de l'écurie, une bonne litière, ne sont pas moins nécessaires; il suffit du sens ordinaire pour condamner la ridicule et mauvaise pratique de laisser, dans leurs excrémens, les chevaux mis au vert, sous le prétexte de refaire leurs jambes, ou de leur redonner des aplombs.

Le passage du régime vert au régime sec exige quelques soins, quelques attentions, que nous ne devons pas passer sous silence.

La Nature réprouve les transitions subites ; elles portent assez souvent un trouble fâcheux dans les fonctions de l'animal.

L'habitude de ramener tout à coup au régime sec un cheval qui quitte le vert, est nuisible ; elle doit être généralement abandonnée. Le cheval, au sortir de la prairie, est dégoûté des alimens secs ; il maigrit promptement, surtout si on le soumet, dès le début, à un travail fatigant. Un mélange d'herbes fraîches dans la nourriture sèche, mélange qu'on diminue graduellement, éviterait ce changement subit ; mais il n'est pas toujours facile de suivre cette règle d'hygiène, et c'est dans ce cas que le seul moyen à employer est le choix des meilleurs fourrages secs et la modération du travail. La ration d'avoine qu'on aurait continuée pendant le vert, ou bien qu'on donnerait dans les derniers jours de ce régime, est également convenable et utile pour faire reprendre au cheval son ancienne manière de vivre. On établit la même gradation pour le travail, et ce ne doit être que successivement qu'on soumet le cheval aux fatigues ordinaires : une marche opposée affaiblit l'animal et le jette dans un état pire que celui où il se trouvait avant le régime du vert.

RÉGIME DU CHEVAL NOURRI AU SEC.

Plantes qui entrent dans la composition du Foin.

Si on ne considère que la nature des plantes qui croissent dans les prairies naturelles, on distingue des foins de trois sortes ou qualités ; la première vient sur les prairies dont le sol est substantiel, mais non humide, qui est suffisamment exposé aux influences salutaires de la chaleur et de la lumière : les plantes de la famille des graminées, quelques espèces de celles des légumineuses, des personnées, des rosacées, des flosculeuses, fauchées à l'époque de la floraison et bien récoltées, entrent essentiellement dans la composition du foin de première qualité, pendant les dix-huit mois qui suivent cette récolte. Au bout de deux ans, ce foin perd successivement ; il devient sec, quelquefois poudreux; il n'a plus, comme dans les premiers dix-huit mois de sa récolte, les qualités qui le distinguaient.

Cette première sorte de foin est rarement fournie aux magasins militaires, à cause de son prix très-élevé. Nous n'en ferons pas moins connaître les bases constituantes pour servir de type dans la distinction du bon et du mauvais foin.

La famille seule des graminées ne compterait pas moins de deux mille espèces de plantes, celle des légumineuses à peu près le même nombre; mais, comme les prairies naturelles, dans les diverses régions du Continent, ne sont pas formées de tous les individus qui appartiennent à ces familles, on doit reconnaître que la description botanique de toutes les herbes qui composent une prairie, serait étrangère au but qu'on se propose, qui est la distinction pratique du bon foin; ainsi, ne m'écartant pas de ma première et principale intention, je m'abstiendrai d'entrer dans des détails inutiles; il suffira d'indiquer les caractères distinctifs des plantes appartenant aux familles énoncées, sans m'attacher à la description minutieuse de chaque individu.

4

CARACTÈRES DE LA FAMILLE DES GRAMINÉES.

Famille des Graminées.

Une plante quelconque de la famille des graminées se reconnaît aux caractères suivans : Tige chaume, c'est-à-dire, creuse et entre-coupée par des nœuds, feuilles engaînantes et fendues à leur base, fleurs disposées en épis, ou en panicules, deux calices glumes ou co-riaces, appelés vulgairement balles, et ren-fermés l'un dans l'autre ; racines ordinairement fibreuses, saveur douce et sucrée.

Les espèces de cette famille qui abondent plus particulièrement dans les bons prés, ap-partiennent aux genres avoine, fétuque, aira, agrostis, poa, phleau, flouve, alopecure, lolium, brome, alpiste, holcus, dactylis, cyno-surus, briza, etc.

CARACTÈRES DISTINCTIFS DE LA FAMILLE DES LÉGUMINEUSES.

Famille des Légumineuses.

Les espèces de légumineuses qui composent les fourrages de bonne qualité portent des tiges herbacées, des feuilles alternes , accompagnées de stipules ou petites feuilles à la base du pétiole, ternées ou en trois foliolles, pennées ou disposées comme les barbes d'une plume, des fleurs à quatre pétales irréguliers, qui portent les noms d'étendart, de carène et d'ailes, disposition semblable à celle du papillon ; des fruits en gousse ou en légumes comme ceux du pois et du haricot : leur saveur est douce et sucrée.

Les principaux genres de cette famille, qu'on trouve dans les prairies de bonne qualité, sont le trèfle, la luzerne, le sainfoin, le lotier, la vesce, la gesse, l'orobe, etc.

Quelques autres familles naturelles fournissent aussi un petit nombre d'espèces aux bonnes prairies, telles sont la pimprenelle de la famille des rosacées , le chrysanthemum , ou la grande marguerite des flosculeuses , et pour celle des personnées , le rhinanthus ou co-crète , etc.

Le nombre et les espèces de ces plantes varient beaucoup , suivant l'exposition et la nature des prairies ; par exemple , les graminées croissent plus abondamment dans les régions tempérées et septentrionales , tandis que les légumineuses viennent plus particulièrement dans le midi ; d'où naît la distinction des foins du nord de ceux des contrées du midi.

Foin de deuxième qualité.

Le foin de deuxième qualité est le plus commun et celui qui sert aux approvisionnemens des armées ; il sera composé de la plus grande partie des plantes qui viennent d'être énumérées, et quelquefois d'une certaine quantité d'herbes dures, ligneuses, peu ou point nutritives, appartenant aux familles des ombellifères, des souchets, des borraginées, des labiées , etc.

Il faut convenir que souvent la nature du sol suffira seule pour établir une différence entre les foins ou les prairies de première et deuxième qualité : on pourrait négliger les preuves de cette assertion. Qui peut ignorer que les plantes de la même espèce, cultivées sur des terres de nature et d'exposition différentes, offriront, et dans leur physionomie et dans leurs sucs, des différences sensibles ? Ainsi, les mêmes herbes, récoltées sur un sol riche ou pauvre, sur un terrein élevé et frappé par la lumière solaire, ou sur un sol humide et abrité, donneront deux qualités de fourrages bien différentes.

Toutes les fois que ces distinctions ne sont pas bien tranchantes, le choix est bon : ce n'est que lorsque les herbes dures et grossières, sans saveur, prédomineraient tellement que les bonnes plantes n'entreraient plus que pour un tiers, pour la moitié, dans la composition du foin, qu'il tendrait alors à être de la dernière classe des fourrages, en le considérant toujours sous le rapport seul de la nature des herbes qui le composent : c'est ce passage de la deuxième à la troisième qualité qui doit être saisi, pour distinguer jusqu'à quel point un fourrage est admissible ou à rejeter.

Foin de la troisième ou mauvaise qualité.

Le foin de la troisième ou mauvaise qualité, eu égard à la nature des plantes, est celui qu'on obtient des prairies basses, humides, marécageuses, où dominent les joncs, les roseaux, les laiches; plantes dures, grossières, dépouillées de sucs nutritifs et dédaignées par le cheval. Un tel fourrage surcharge inutilement les organes digestifs des animaux, qui ne peuvent en tirer des sucs propres à leur nourriture; de là une conformation vicieuse de la poitrine et du ventre dans les chevaux qui s'en nourrissent, de là aussi une foule de maladies graves et meurtrières.

Il est rare que le foin qu'on récolte sur des prairies marécageuses borne là ses funestes influences; non-seulement il ne nourrit pas les animaux, mais souvent il les fait périr; car, si aux plantes que je viens de nommer se joignent celles des familles des ciguës, des renonculacées qui jouissent toutes, à un degré plus ou moins éminent, des qualités vireuses, et qui croissent en abondance dans ces terres basses et très-humides , ce n'est plus alors un mauvais aliment, mais un poison qui est offert au cheval.

Famille des Joncs , des Roseaux , des Souchets , des Laiches.

Les caractères distinctifs des joncs , des roseaux , des laiches, des souchets, se rapprochent beaucoup de ceux des graminées ; on les reconnaît à leurs tiges cylindriques ou triangulaires, presque toutes dépourvues de nœuds, à la gaîne des feuilles entière ou non fendue à la base, aux fleurs qui ont une seule balle.

Famille des Renoncules.

Les caractères de la famille des renonculacées sont variables et assez difficiles à saisir dans le foin, puisque c'est de la fleur ou du fruit qu'ils sont tirés. Voici, toutefois, les plus positifs.

Fleurs polipétales , disposées comme dans la rose, beaucoup d'étamines, racines épaisses, ou tubercules disposés en faisceaux, plusieurs fruits réunis dans le même calice, sucs âcres, plus sensibles dans la plante verte que dans celle soumise à la dessiccation.

CARACTÈRES DES CIGUES.

Famille des Ciguës.

Tiges herbacées, souvent canelées, racines vivaces, feuilles alternes finement découpées, fleurs en ombelles ou en parasol, deux graines accolées et s'ouvrant de bas en haut, saveur âcre et vénéneuse.

On voit que la botanique, qui sert très-bien à faire reconnaître une plante pourvue de tous ses organes, est un guide peu sûr, lorsqu'il s'agit des distinctions des diverses herbes qui entrent dans la composition du foin ; ces plantes, séparées de leurs racines, dont la tige a perdu sa forme primitive par la fanaison, dont les organes sexuels et les feuilles sont souvent détachés, seraient confondues par les botanistes les plus exercés : il faut donc chercher des moyens de distinction moins savans, mais plus précis et plus à la portée de tous les observateurs.

Caractères physiques du bon Foin.

Couleur légèrement verte, ou au moins tirant sur celle de la feuille qui meurt ; tiges minces, déliées, souples ou difficiles à casser et garnies autant que possible de leurs feuilles et de leurs fleurs, odeur agréable et légèrement aromatique ; saveur douce, plus ou moins sucrée, mais ne laissant, dans aucun cas, une impression aigre et acerbe.

Caractères physiques du mauvais Foin.

On fait deux distinctions des mauvais fourrages : 1° ceux qui sont composés essentiellement de plantes qui ne jouissent pas des propriétés nutritives et qui ne peuvent que produire l'épuisement de l'animal qui s'en nourrit ; 2° ceux qui contiennent de bonnes plantes, mais qui sont mélangées d'une certaine proportion de végétaux âcres et vénéneux, qui, introduits dans l'estomac, troublent les fonctions, causent des indigestions souvent mortelles.

Le foin de mauvaise qualité de la première sorte se reconnaît à ses tiges et à ses feuilles grossières, dures, coriaces et ligneuses ; il a

souvent une teinte d'un vert très-foncé, surtout il n'a point d'odeur, sa saveur n'est ni
douce, ni sucrée ; conservé quelque temps sur
la langue et soumis à la mastication, il est fade
et aqueux.

La présence des plantes nuisibles, telles
que les renoncules, les ciguës, etc., est an-
noncée par une odeur souvent vireuse, et
surtout par une saveur âcre et brûlante sur la
langue.

Altérations des Fourrages.

Les fourrages éprouvent divers modes d'altérations : on sait que la coupe, la fanaison, la
fermentation et l'engrangement des foins influent beaucoup sur leurs bonnes ou mauvaises qualités ; c'est ainsi que les herbes mal
récoltées de la meilleure prairie peuvent devenir un aliment aussi nuisible aux animaux
que les fourrages composés de plantes vénéneuses. Les épizooties dévastatrices doivent
souvent leur naissance et leurs progrès à l'altération des alimens : cette observation est
donc d'un très-grand intérêt dans le choix ou
l'acceptation du foin.

Fourrages secs et cassans.

Différentes causes peuvent ôter au meilleur foin ses bonnes qualités : l'exposition trop longue au soleil, à l'air libre, sa conservation pendant plusieurs années, l'action de certains engrais trop chauds, sa coupe faite trop tard, c'est-à-dire, après que les plantes ont dépassé l'époque de la floraison, la maturation des graines qui enlèvent les sucs à la tige et aux feuilles, une atmosphère trop chaude, et surtout trop sèche pendant la fanaison, des pluies qui lavent le foin et lui ôtent ses principes, voilà les causes ordinaires qui le privent plus ou moins entièrement de son suc nutritif, et qui le rendent sec et cassant. Dans cet état, les animaux le dédaignent, ou bien il devient pour eux une occasion de maladies, telles que les aphtes, les indigestions, les coliques : pour prévenir ces affections, il faut arroser ou asperger ce foin avec une certaine quantité d'eau salée.

Foin poudreux et échauffé.

Des pluies, un temps humide pendant la récolte, une dessiccation incomplète, l'engrangement dans un lieu bas, l'exposition aux injures du temps empêchent les plantes de se dessécher complétement; rentrées dans cet état et entassées, le concours de l'air, de l'humidité et de la chaleur produit un principe de fermentation putride qui décompose les principes mucilagineux et sucrés des plantes, et laisse à nu une partie de leur parenchyme fibreux qui se réduit en poussière en le cassant, d'où lui vient le nom de *foin poudreux;* on le reconnaît à son odeur forte et désagréable, à sa saveur de moisi : sa couleur naturelle est changée, elle tire sur une teinte d'un noir plus ou moins obscur.

Il est impossible d'user pendant quelque temps d'un tel fourrage, sans compromettre la santé et la vie d'un animal : ainsi, le foin poudreux, le foin échauffé, moisi, doivent être rejetés.

Foin vasé.

Le foin vasé se distingue facilement; chaque tige ou plante est enveloppée d'une couche de matière terreuse de la couleur de la vase des rivières, qui, en débordant, ont inondé la prairie : la plante, par l'action de l'eau, a perdu la plus grande partie de ses sucs ; de plus, la matière terreuse qui enveloppe ce foin, étant introduite dans l'estomac, affaiblit l'action de cet organe et jette l'animal dans une débilité qui le prédispose singulièrement à plusieurs classes de maladies également graves : ce fourrage est sec, cassant, encroûté de terre ; il ne peut être admis. On sait que son emploi, dans des temps de disette, a toujours eu des suites funestes.

Foin rouillé.

La rouille est une altération des tiges des graminées produite par une plante de la famille des champignons du genre uredo (*uredo segetum linnei*), elle naît sous l'épiderme, détruit le parenchyme de la tige, et se montre au dehors sous forme d'une poussière jaunâtre et brunâtre : les causes de cette maladie sont les grandes pluies, l'humidité, le versement des blés, des prairies, etc.

La rouille, cette plante parasite s'empare des sucs des graminées qui, non-seulement perdent leurs propriétés nutritives, mais deviennent âcres et irritantes; de là une multitude de maladies causées par l'usage d'un tel aliment : on l'appelle en agriculture charbon, carie, nielle. Cet article sera commun aux pailles rouillées qu'on reconnaît aux mêmes caractères, et dont l'usage n'est pas moins dangereux.

Falsification du Foin et des autres Fourrages.

Les marchands ou fournisseurs ont recours à plusieurs ruses pour tromper sur le poids et sur la qualité des fourrages.

La première observation à faire à cet égard est de remarquer si le bottelage est nouveau ou ancien. On voit facilement si la couleur d'une botte est uniforme, si elle est arrondie ou si elle est aplatie; si le bottelage est ancien, si le foin est tassé et de couleur uniforme, si la botte offre des traces d'une compression antérieure, on ne doit pas être en défiance, et alors il suffit d'en faire délier une ou plusieurs prises au hasard, pour s'assurer que le foin qu'elles renferment dans l'intérieur est de la même qualité que celui de la circonférence des bottes; leur poids est constaté en même temps.

Si les bottes, à la fraîcheur des liens, à leur forme ronde, laissent la crainte qu'elles n'aient été remaniées, il est prudent d'apporter une attention plus minutieuse et de visiter surtout le centre des meules ou des voitures.

La falsification la moins dangereuse et qui ne peut porter aucun préjudice aux chevaux, c'est le mélange, à partie égale ou inégale, du foin avec de la luzerne, du sainfoin, du trèfle, etc.; pourvu qu'ils soient bien récoltés et que les bottes aient le poids, on peut fermer les yeux sans inconvéniens sur ce léger abus.

Il n'en est pas ainsi quand le poids de la botte de foin ou de paille est fait avec des platras, des pierres, du fumier, etc., ou bien si la botte renferme dans son centre les fourrages de la mauvaise qualité, des joncs, des roseaux, des laiches, des foins avariés, poudreux, moisis, etc., tandis qu'à l'extérieur elle présente une enveloppe de bonne qualité. Un observateur attentif n'est pas pris à de pareilles ruses qu'il a devinées au premier coup d'œil, et qu'il démasque en faisant ouvrir publiquement quelques bottes.

Cette observation est commune aux pailles qui sont souvent falsifiées de la même manière.

On peut , dans plusieurs circonstances ,
remplacer le foin par la luzerne , le sainfoin , bien récoltés ; je n'en dis pas autant
du trèfle , qui est plus indigeste et qu'il serait dangereux de donner seul ; si on l'emploie,
on doit le mélanger avec d'autres fourrages
pour un tiers ou un quart de ration.

Caractères de la bonne Paille.

On reconnaît la bonne paille aux caractères
suivans : Les tuyaux sont minces et flexibles ;
ils conservent leurs fannes ou feuilles ; leur
couleur est d'un blanc mat ou d'un jaune doré ;
ils sont luisans ; les épis sont chargés de la
presque totalité de leurs balles ou de leurs
calices ; la paille est fraîchement battue , son
odeur est agréable , sa saveur douce et sucrée ;
quelques plantes de la famille des graminées
et des légumineuses se trouvent interposées à
la base des tuyaux : on y trouve aussi le lise-
ron (*convolvulus arvensis*) ; on lui donne
dans ce cas le nom de *paille fourrageuse.*

Herbes nuisibles dans la Paille.

Il arrive rarement que les herbes nuisibles
croissent parmi les céréales ; cependant il se-

rait possible d'en rencontrer dans certains cantons ; tel est l'hièble (*sambucus ebulus*), qui croît dans les terres cultivées et humides, l'ivraie (*lolium temulentum*) qui abonde dans les années pluvieuses : ces plantes ne pourraient nuire qu'autant qu'elles seraient très-répandues et garnies de leurs graines.

Altérations des Pailles.

Une partie des détails fournis à l'article des foins altérés trouve ici leur application ; nous ne les reproduirons plus pour éviter des répétitions fatigantes.

Les pailles anciennement battues sont souvent la proie des souris, des rats, qui rongent les parties nutritives et imprègnent de leurs émanations dégoûtantes ce qu'ils ont dédaigné ; les animaux refusent ces fourrages à cause de leur odeur de souris : les vieilles pailles s'échauffent et s'altèrent ; on les reconnaît à leur odeur forte et désagréable, à leur saveur fade, à leurs tiges cassantes et de couleur foncée.

Il est des terres trop fortes, trop humides qui ne fournissent que des pailles grossières, cassantes, et altérées souvent par la rouille :

les blés versés sont aussi dans ce cas, leurs tuyaux maigres qui se réduisent en poussière à la moindre pression, leur couleur noirâtre, leur saveur âcre doivent les faire rejeter pour les motifs exposés à l'article des foins rouillés.

La paille de froment est préférée à toute autre; celle d'orge tient le second rang, surtout lorsqu'elle est privée de ses barbes; celles de seigle et d'avoine ne font pas ordinairement partie des alimens du cheval, et sont réservées au bœuf et au mouton : ce n'est que dans quelques circonstances impérieuses qu'on peut en user, dans les disettes de bonne paille.

L'ajouc, ou genet épineux, supplée aussi à la paille dans certains cantons; il suffit qu'on le broie ou qu'on le hache pour qu'il devienne un bon aliment; il est employé avec succès dans les départemens du Finistère, d'Ille-et-Vilaine, de la Mayenne, de la Vendée, etc. On peut user également de la paille d'épautre bien récolté; c'est une espèce de blé (*triticum spelta*) qui, d'ailleurs, peut éprouver les mêmes altérations que les pailles de froment.

Indices de la bonne Avoine.

L'avoine cultivée (*avena sativa*) présente huit espèces principales en Europe. Je les indique dans l'ordre le plus connu :

1º L'avoine brune dont les grains sont les plus gros ; elle est le type de l'espèce.

2º L'avoine noire à grains plus courts et plus renflés ; elle est sans barbe et résiste aux gelées.

3º L'avoine blanche à graines incolores, oblongues et peu renflées ; très-productive, mais ayant peu de qualités.

4º L'avoine nue, ainsi appelée à cause du peu de résistance de son calice, qui tombe aussitôt la maturité de la graine ; son enveloppe est mince et se détache facilement ; elle est plus alimentaire que les autres espèces, on en fait du gruau : sa culture est moins répandue à cause qu'elle résiste peu au froid.

5º L'avoine fleurie ; elle ressemble à la noire, seulement ses grains sont couverts d'une poussière blanche : cette variété est assez rare.

6º L'avoine rouge ; ses grains ont une couleur d'un fauve-rougeâtre ; elle est préférée pour les voyages sur mer à cause de son peu d'altérabilité.

7° L'avoine de Hongrie, dont les grains sont très-gros, sans barbes, et tous tournés du même côté sur l'épi ; elle est cultivée en Belgique, en Allemagne : elle demande des terres fertiles.

8° L'avoine à deux barbes ; ses grains sont très-petits, mais abondans ; elle est cultivée en Auvergne et dans les régions montueuses du Midi ; elle vient dans les terreins les plus médiocres : on la regarde comme une nourriture échauffante.

Ces distinctions préliminaires des diverses espèces du genre *avena* devaient précéder l'indication des caractères physiques de la bonne avoine ; ainsi, quelle que soit la variété présentée, on reconnaîtra qu'elle jouit de la propriété d'un bon aliment, si, abstraction faite de la couleur de son écorce, du volume plus ou moins considérable de ses graines, de la présence ou de l'absence de ses barbes ou pinceaux soyeux qu'elle présente à l'extrémité supérieure de chaque grain, l'avoine est pesante ou lourde à la main, si elle est coulante et s'échappe facilement des doigts ; si son écorce

est brillante et lustrée ; si elle est sans odeur
bien sensible ; si son amande est serrée, blanche, et laisse en l'écrasant dans la bouche une
saveur agréable et farineuse ; si elle est débar-
rassée de ses balles ou calices ; si elle n'est pas
mélangée de diverses graines, surtout de celle
de la fausse moutarde (*sinapis arvensis*),
ou de corps étrangers, terres, platras, cailloux, etc.

Avoine médiocre.

L'avoine médiocre se reconnaît aux signes
suivans : elle est légère, peu coulante, ses
grains sont petits ; l'amande grêle, peu farineuse, son écorce froncée, légèrement poudreuse ; elle est chargée d'une certaine quantité
de ses balles ; le petit pinceau de poils soyeux
qu'on remarque ordinairement à son extrémité supérieure est détruit ; elle n'est point
criblée ou vannée proprement ; elle se trouve
mêlée à de petites graines noires de sanve ou
fausse moutarde, et quelquefois à celles du
coquelicot (*papaver rhœas*), du bluet (*centaurea cyanus*), de la jacée (*centaurea ja-
cea*), etc., qui peuvent entrer en aggréga-

tion avec l'avoine pour un huitième, même un septième, et causer des maladies funestes aux animaux, soit par leurs principes irritans, soit par leurs propriétés enivrantes, soit par leur effet stupéfiant, selon la nature de la graine qui formerait le mélange.

Une avoine qui présenterait, à un degré notable, la plus grande partie des mauvaises qualités que je viens de relater, serait rejetée et rentrerait dans la cathégorie des alimens nuisibles, tandis qu'elle serait considérée comme médiocre, si elle n'offrait que quelques-uns de ces caractères.

Mauvaise avoine.

De ce qui précède, on doit conclure que la mauvaise avoine sera, 1° celle qui a été altérée par le mélange des graines ou semences indiquées et qui s'y trouveront en certaine proportion, ou par l'intromission de tous corps étrangers, poussière, platras, terre, etc.; 2° celle qui aura éprouvé différentes altérations, telles que les avoines exposées à la pluie, à l'humidité, à l'arrosement en tas, soit dans les greniers, soit dans les

transports sur bateaux, ou dans les magasins,
pour la faire fournir au boisseau, suivant l'expression des marchands.

Cette mauvaise avoine offrira les signes suivans : elle sera très-chargée de corps étrangers
à sa nature, son écorce sera molle, bour-
soufflée ou ridée et décolorée ; elle sera légère
à la main, quoiqu'elle paraisse volumineuse ;
elle sera spongieuse, au lieu d'être coulante,
son grain cassé ou broyé offrira une farine po-
racée, noirâtre ; son odeur sera forte, désagréable, elle laissera dans la bouche une impression poudreuse et piquante. On ne doit,
sous aucun prétexte, l'accepter dans cet état et
l'employer à la nourriture des animaux, puisque, non-seulement elle ne possède plus les
propriétés d'un aliment, mais que l'altération
qu'elle a éprouvée la change en une substance
irritante qui porte bientôt le trouble dans
les fonctions et surtout dans celles de l'appareil
nutritif.

Mélange de l'Avoine avec l'Orge et autres graines des Graminées ou des Légumineuses.

Quelquefois l'avoine est unie à l'orge dans la proportion d'une partie sur deux, ou à partie égale ; ce mélange forme un aliment aussi sain que profitable au cheval : la vesce, la gesse, la bisaille, les féverolles, les fèves, le maïs, l'épautre, le pois, le haricot lui-même, sont mêlés dans l'avoine dans diverses proportions et toujours d'une manière avantageuse pour les animaux. Dans certains cas, on use de la graine de sainfoin, de celle de blé noir ou sarrasin : ce dernier est très-échauffant, on doit l'employer avec précaution. Une attention désirable et importante, c'est que lorsqu'on substitue à l'avoine ces graines de légumineuses ou de graminées, on les fasse moudre, broyer, en tremper six ou douze heures avant chaque repas, pour que l'animal puisse plus facilement les soumettre à une bonne mastication : cette dernière disposition est surtout intéressante dans l'emploi de la graine de blé noir ou sarrasin, dont l'écorce se dépouille dans l'eau de son principe irritant (*extracto-résineux*) et qui cesse d'agir d'une manière nuisible. Ces semences sont trop connues pour mériter une description.

Le seigle, la graine de lin unie à partie égale de semence de chanvre ou de blé noir, remplacent aussi quelquefois l'avoine, surtout dans le Nord. Dans quelques circonstances particulières assez rares, et surtout dans l'intention de réparer promptement les forces d'un animal épuisé par le travail ou par une maladie, on ajoute à la ration d'avoine un litre ou une jointée de froment : une telle nourriture doit être administrée avec précaution ; elle agit puissamment sur les propriétés vitales, surtout sur les organes de la circulation ; son usage immodéré, ou trop long-temps continué, disposerait aux maladies inflammatoires et aiguës, aux hémorragies actives, aux apoplexies, etc.

La graine de fenugrec (*trigonella fœnum grecum*), celles des deux variétés de sarrasins (*polygonum tartaricum et fagopirum*) , de chenevi ou graine de chanvre (*cannabis sativa*) sont données dans quelques pays avec l'avoine : comme elles sont très-échauffantes et qu'elles irritent surtout les organes urinaires, il faut en user avec la même modération que pour le froment : pour prévenir leurs effets nuisibles, on les ferait tremper dans l'eau, ou bien on en modifierait l'activité en les donnant à dose égale avec la graine de lin (*linum usitatis- simum*), dont les principes mucilagineux, adoucissans, deviennent le correctif.

L'avoine est une plante qui ne prospère et qu'on ne cultive avec succès que dans les régions septentrionales et tempérées du Continent : dans toutes les contrées méridionales elle est rare ; son emploi y est souvent dangereux à cause du principe *extracto-résineux* qui se trouve abondamment dans sa pellicule et qui est très-excitant : ce grain est remplacé par l'orge, l'épautre, le maïs, et dans certains cantons par le millet.

Falsification de l'Avoine.

On fait éprouver à l'avoine du commerce quelques falsifications qui lui ôtent une partie de ses principes nutritifs ; le javelage, dont la pratique est beaucoup trop répandue, se trouve dans ce cas ; la plante, soumise pendant un mois ou six semaines sur la terre à l'action combinée de l'air libre, de l'humidité et de la chaleur, passe successivement à un mode d'altération ou de fermentation qui, arrivée à un certain degré, décompose les principes nutritifs du grain, y dépose un ferment nuisible qui vicie les organes de l'animal qui s'en nourrit : voilà pourtant cette altération de l'avoine que la routine, le préjugé font regarder comme une opération rurale utile !

Dans les contrées où le javelage n'est point pratiqué, les marchands arrosent ou mouillent l'avoine dans leurs magasins pour lui faire mieux remplir la mesure. J'ai dit que l'avoine mouillée et javelée était légère à la main, décolorée, molle, c'est-à-dire, non coulante dans les doigts. Voici comment on fait cette falsification : on arrose le monceau d'avoine avec de l'eau chaude, ou bien avec ce liquide à la température ordinaire, et, dans ce dernier cas, on place dans le centre du tas plusieurs pierres très-chaudès qui réduisent l'eau en vapeurs pour que les grains en soient imprégnés plus rapidement et qu'ils éprouvent ce boursouf-flement qui leur donne plus de volume à la mesure ; l'avoine est ensuite remuée exactement pour empêcher son altération et la moisissure ; si la fermentation se maniseste, état qu'on nomme *avoine échauffée*, on jette avec force le grain par pelletées contre un mur uni pour détacher ces moisissures ou champignons dont j'ai déjà parlé à l'article *Rouille des graminées*. On reconnaît qu'une avoine a été soumise à cette manipulation, lorsqu'en examinant le grain on trouve sa pointe ou extrémité supérieure refoulée ou écrasée, et que son pinceau soyeux est détaché. Pour prévenir toutes ces fraudes, si nuisibles à la santé des chevaux des armées, j'ai souvent émis le désir de voir fixer les rations d'avoine, non par des mesures de capacité, mais par des mesures pondériques qui rendraient nulles et sans objet les ruses des fournisseurs.

Du Son considéré comme aliment.

Le son n'est autre chose que l'écorce, l'enveloppe, ou pellicule des graines céréales dont il est séparé par l'action de la mouture et de la bluterie ; on le distingue en son de froment, de seigle, d'orge, d'avoine, etc.,

suivant l'espèce de grain qui le fournit ; le son
de froment, qui est le plus répandu, est également celui qu'on doit préférer ; il est connu
dans le commerce sous différens noms, d'après
la forme de mouture qu'on lui donne ; on
l'appelle *son* ou *gros son*, *recoupes*, *recou-
pettes*, suivant son degré d'atténuation. N'importe quel nom on lui donne, il ne peut être
considéré comme aliment que lorsqu'il contient une certaine quantité de farine : sans le
principe farineux, le son n'est plus qu'une
substance indigeste qui résiste à l'action de
l'estomac et à l'activité de ses sucs. Des expériences positives, et que j'ai souvent répétées,
prouvent que le son dépouillé des principes
farineux, est rendu par les animaux sans
avoir subi la moindre altération : voilà comment j'explique pourquoi les grains d'avoine,
d'orge, de froment, etc., que des chevaux
gloutons avalent et ne triturent pas, sont rejetés intacts et entiers du conduit alimentaire.

Des observations journalières viennent à
l'appui de ces expériences : les chevaux de
meûniers, ceux de quelques cultivateurs qui
les nourrissent au son, restent habituellement

faibles et exposés à de graves indigestions ; ils ne sont pas aussi propres à soutenir de longues fatigues, que si on les tient à un autre régime; ils éprouvent de fréquentes purgations, ils se vident continuellement ; c'est donc à tort qu'on regarde le son comme rafraîchissant ; ce n'est pas l'expression convenable pour peindre l'effet qu'il produit dans l'animal, c'est un débilitant ; il est banni avec raison du régime des postes, des messageries bien dirigées. Je ne vois donc pas de motifs pour le comprendre dans les rations des chevaux des armées : son action débilitante, sa grande, sa prompte altérabilité justifient cette exclusion.

Quoi qu'il en soit, le son qu'on veut employer à la nourriture des animaux doit être obtenu de la mouture du froment ; il sera frais, récent, farineux, inodore, d'une saveur douce : on le donne à dose double de l'avoine, ou frisé, ou sous forme sèche : le son frisé est celui qu'on humecte légèrement avec de l'eau propre; on préfère ce dernier moyen, qui ne convient cependant pas à tous les chevaux.

Son altéré.

Il est exposé à deux sortes d'altérations : quelque soin qu'on prenne de l'emmagasiner dans un lieu sec ou aéré, on ne peut le conserver plus de trois à quatre mois ; si on l'expose à l'humidité, à la chaleur, il s'échauffe et s'altère au bout de quelques jours, surtout s'il est amoncelé en gros tas.

Le son est échauffé ou aigre, toutes les fois qu'il a éprouvé la fermentation acéteuse ; il se ramasse en masses assez solides, il offre une odeur et une saveur aigrelettes marquées, et les animaux le refusent : si à la fermentation acéteuse succède bientôt la fermentation putride, alors il se boursouffle, se prend en grosses masses et exhale une odeur très-sensible de pourri.

On doit conclure que le son pur n'est pas un aliment, mais un lest ; qu'il s'altère très-facilement, qu'il affaiblit les animaux, et qu'il est dangereux d'en user lorsqu'il a subi l'une ou l'autre des altérations décrites.

Des Propriétés de l'Orge.

L'orge (*hordeum*), plante de la famille des graminées, qui croît abondamment dans les régions méridionales ; elle offre trois variétés bien connues et également propres à la nourriture des animaux : l'orge commune (*hordeum vulgare*) ; l'escourgeon, orge d'hiver (*hordeum hibernum*) dont l'épi porte beaucoup plus de grains que l'orge commune ; l'orge nue, fromentée, ou sucrion (*hordeum distichum, nudum*), variété précieuse par la qualité de son grain.

L'orge remplace l'avoine dans tout le Midi ; elle sert à la nourriture du cheval : cette substitution est très-avantageuse et très-saine. Dans les pays où la chaleur de l'atmosphère est portée à un très-haut degré, c'est un aliment aussi salubre que nutritif, tandis que l'avoine échauffe et nourrit moins : l'orge convient donc mieux au cheval dans les régions chaudes, puisqu'elle ne provoque pas, comme l'avoine, de grandes déperditions, et qu'elle répare mieux les pertes des animaux : après le froment et l'épautre, elle contient en plus grande abondance la matière mucoso-sucrée, qui est le principe nutritif par excellence dans les animaux herbivores.

L'orge bien récoltée est très-peu altérable : elle n'est pas falsifiée comme l'avoine du commerce ; si elle avait éprouvé quelques altérations, la couleur du grain, son odeur les feraient distinguer facilement.

On la donne à la dose ordinaire de l'avoine ; quelques personnes la font tremper dans de l'eau propre six ou huit heures avant le repas, d'autres la font concasser pour la rendre plus digeste ; elle est plus généralement donnée en grain et sans aucune préparation. J'approuve l'habitude de la faire entrer pour un quart dans la ration d'avoine.

Le maïs, blé de Turquie (*zea maïs*), présente trois variétés également bonnes et bien connues ; on le cultive en grand dans le midi de l'Europe pour la nourriture de l'homme et des animaux ; les bestiaux mangent et les fannes ou feuilles et le grain ; c'est un aliment très-sain et très-profitable qui engraisse promptement toutes les espèces de granivores et herbivores ; le cheval, habitué à cette nourriture, la préfère à l'orge et à l'avoine ; le

maïs convient surtout aux chevaux maigres et
fatigués, il répare très-promptement leurs déperditions ; comme les fèves et féverolles, il
convient aux estomacs faibles et délicats qui se
vident au moindre travail ; on le fait concasser
et tremper dans l'eau pour le rendre plus facile à broyer sous les dents, ou bien on le
donne en grain sans aucune altération. Je ne
lui connais qu'un inconvénient, c'est d'exciter la soif dans les animaux qui s'en nourrissent, et de produire outre mesure l'amplitude du ventre, de manière à rendre le cheval
plus lourd et à diminuer son haleine : cette
nourriture ne peut donc convenir aux chevaux de course, de chasse, de poste, de car-
rosses et de cabriolets ; ou, si on l'administre,
ce ne peut être que momentanément et pour
donner de l'embonpoint : la dose est la même
que celle de l'orge et de l'avoine.

Le célèbre Parmentier a écrit sur la culture
et l'emploi du maïs : son travail ne laisse rien à
désirer, nous y renvoyons les lecteurs qui vou-
draient un traité complet sur cette plante.

L'épautre, épeautre, épaute (*triticum spelta*)
est une plante graminée qui ne diffère que peu
du froment; on le cultive beaucoup dans le

Nord : quelques personnes substituent ce grain à l'avoine dans l'intention de refaire les chevaux affaiblis ; comme le froment, c'est une nourriture cordiale, stimulante, qui doit être donnée avec ménagement si on veut éviter le développement de plusieurs maladies aiguës, la fourbure, l'apoplexie, les indigestions par exaltation des propriétés de la vie, etc. Cette plante est peu répandue dans les régions tempérées de l'Europe, son grain et sa paille étant moins estimés que ceux du froment. Lorsqu'un cheval est maigre et épuisé par le travail, une jointée de froment ou d'épautre dans l'avoine lui donne du courage et de la force.

Considérations sur le régime du Cheval dans les diverses contrées de l'Europe, et surtout dans les régions méridionales.

Dans les contrées septentrionales de l'Europe, la nourriture sèche du cheval est à peu près la même qu'en France ; la paille, le foin, l'avoine et les fèves, telle en est la base ; dans les temps de disette, cette partie du régime éprouve certaines modifications qui seront exposées dans un article spécial et applicable dans tous les pays à ces circonstances extraordinaires.

Dans les pays méridionaux, et surtout en Espagne, l'aliment sec n'est pas seulement changé, mais il est encore distribué d'après d'autres règles : cette partie de l'hygiène, que j'appellerai militaire, quoiqu'elle s'applique autant au cheval de voyage qu'au cheval de guerre, est d'une grande importance : elle a été d'une utilité réelle aux armées, lorsque l'administration m'a appelé à en traiter. Je me décide à conserver à cette partie de mon travail la forme sous laquelle il a été publié.

L'hygiène militaire, qui s'applique également au cheval qui voyage et qui change de climat, diffère essentiellement de l'hygiène domestique ; elle rejette les méthodes compliquées qui exigent du temps et des circonstances favorables, pour n'admettre que des principes simples, d'une application facile et prompte.

Le cheval français, né dans un climat doux et tempéré, nourri de paille de froment, de foin, d'avoine, abreuvé d'une eau généralement bonne, est à peine arrivé au-delà des Pyrennées, qu'il est forcé de changer brusquement ses habitudes acquises ; des journées brû-

lantes qui succèdent à des nuits froides, une
certaine quantité d'orge et de paille hachée,
aliment sain, mais nouveau pour lui, des eaux
souvent peu potables par les substances qu'elles
tiennent en suspension et en dissolution, voilà
le régime qu'il doit suivre sans y être préparé ;
une transition aussi prompte ne peut que produire des dérangemens notables, surtout dans
des animaux que les fatigues ont plus ou moins
affaiblis ; ces dérangemens maladifs seront d'autant plus graves et plus fréquens, que l'usage de
ces substances nouvelles pour le cheval sera plus
inconsidéré ; tandis que leur emploi mieux
raisonné préviendra le mal, ou en rendra l'influence presque nulle. Nous ne pouvons attribuer ces dérangemens à la nourriture en elle-
même, puisque le cheval s'y accoutume en
quelques jours et la quitte avec peine; le mulet
dont tout le monde connaît l'attachement pour
ses habitudes, ne montre pas plus de répugnance
à cet égard ; les chevaux arabes quittent aussi
avec regret dans nos contrées cette nourriture
favorite, et dédaignent pendant long-temps le
foin et l'avoine ; depuis l'expédition d'Égypte,
on ne manque pas de preuves de cette assertion.

Il faut donc attribuer à d'autres causes les pertes considérables de chevaux français, à leur arrivée en Espagne ; la crudité des eaux, le changement brusque de température des jours et des nuits, la manière de distribuer l'orge et la paille hachée à chaque repas, avec trop de précipitation, à l'arrivée de l'animal, sont les principales causes des maladies ; mais établissons, nos preuves sur des faits positifs.

J'ai dit que l'eau était généralement peu potable en Espagne, voici mes preuves ; à Saragosse, on la garde trois à quatre mois dans des vases de terre, avant de l'employer ; à sa sortie de l'Ébre, ce liquide tient en dissolution et en suspension des sels terreux, des oxides dont la précipitation est favorisée par le repos ; après ce mode d'épuration, l'eau est estimée, tandis, que fraîchement tirée du fleuve, elle cause, surtout aux étrangers, des indigestions, des coliques, des diarrhées, etc ; ce liquide aqueux ainsi épuré était conduit dans tous les lieux de résidence de la cour d'Espagne par un service régulier, à dos de mulet ; un tel fait prouve bien la difficulté de se procurer en Espagne des eaux potables. J'ai constaté moi-même ces propriétés de l'eau, en parcourant ces contrées :

sa température froide, sa crudité tiennent autant à ses qualités propres qu'à la nature des
lieux qui la fournissent ou qui la conservent,
les puits, les sources, les fontaines d'où on la
tire, les caves, les lieux ombragés et frais où
on la dépose ; quelques rivières qui tarissent
pendant les grandes chaleurs, quelques bras
de fleuves dont les eaux sont douces et propres
au lavage des laines forment des exceptions qui
ne détruisent pas mon opinion sur le peu de
qualité de ces eaux. A la sortie de la petite ville
de Callatayut, près Molina, se trouve une fon-
taine publique qui verse des eaux en abondance : les habitans du pays en connaissent bien
les propriétés nuisibles ; mais rien n'annonce
au voyageur le danger d'en boire ou d'en abreuver sa monture : ce n'est qu'aux effets qu'elle
produit, qu'on reconnaît son imprudence.

Dans plusieurs parties de l'Espagne, on ne
vous offre un verre d'eau qu'après qu'on y a
fait dissoudre un gâteau de sucre de lait, pour
en corriger la crudité.

Ce n'est pas en Espagne seule que ces eaux
causent des maladies dangereuses, c'est partout
où on en fait usage : je citerai un fait bien po-
sitif sur leur influence nuisible. La gendarme-

rie d'élite placée à la caserne du Petit-Muse à Paris, faisait en 1804 des pertes considérables de chevaux ; son conseil d'administration s'adressa à Alfort pour rechercher et détruire les causes de cette mortalité ; après un examen attentif de toutes les parties du régime, il fut constaté que c'était aux mauvaises qualités des eaux qu'on devait attribuer la mortalité ; au lieu du puits qui les fournissait et qu'on avait abandonné avant que ce local fût changé en caserne, on obtint un cours d'eau de la Seine, et tous les accidens maladifs cessèrent sans retour ; une analyse exacte de ces eaux nuisibles du puits eut pour résultat, que chaque litre ou pinte de ce liquide contenait six grammes (un gros et demi) de sulfate de chaux (sélénite); ainsi un cheval qui buvait un seau ou douze litres de cette eau prenait environ soixante-douze grammes (plus de deux onces) de ce sel qui, à une dose beaucoup plus faible, jouit de la propriété purgative, et diminue beaucoup la température de l'eau, doubles causes de maladies.

Le changement brusque de température n'influe pas moins sur la santé, surtout dans les régions chaudes ; la peau, qui durant le jour

est soumise à l'influence d'une atmosphère suffocante, fait des déperditions considérables,
d'où naissent l'épuisement des forces, et surtout
la débilité des organes digestifs ; exposée à l'entrée de la nuit aux impressions du froid, elle
se crispe, ses pores se resserrent, et la perspiration que la chaleur du jour avait excitée se
trouve subitement suspendue ; d'où naît la cause
la plus active d'un grand nombre de maladies ;
et suivant que les effets de cet arrêt de perspiration se manifestent plus particulièrement sur
telle ou telle partie, il n'ait telle ou telle affection ; on remarque toutefois que les organes
de la poitrine et de l'abdomen sont plus particulièrement frappés par cette cause maladive.
On connaît les rapports sympathiques de l'estomac avec la peau, on sait combien les dérangemens de l'un influent sur l'état de l'autre ;
dans l'homme, le froid des pieds suspend la
digestion, fait naître des coliques ; dans le cheval, quelques gorgées d'eau froide, un courant d'air froid pendant l'action digestive, suffisent pour produire des fluxions de poitrine,
des indigestions mortelles, des diarrhées, des
coliques, etc.

Quel pays plus exposé que l'Espagne à ces changemens brusques de l'atmosphère ! Aussi quelle contrée plus funeste aux voyageurs, aux étrangers imprudens ; ces effets d'une température qui passe du froid au chaud ne s'observent pas seulement sur le cheval ; le militaire et le voyageur n'y sont pas moins exposés, (voyez le cahier de septembre 1809 , tome 36 du journal de médecine de Sédillot, M. Delaplace y a décrit avec beaucoup de soins l'*entrepado* ou colique de Madrid ; l'auteur s'est livré à des recherches intéressantes sur cette maladie qui attaque surtout les étrangers. Je regarde aussi comme cause occasionnelle des indigestions et des coliques, la précipitation avec laquelle on distribue la nourriture aux chevaux, aussitôt leur arrivée à l'écurie, et le peu d'attention qu'on apporte à ne pas mélanger exactement l'orge et la paille hachée ; abstraction des autres causes déjà décrites, cette seule faute de régime suffit pour déterminer l'indigestion ; je n'aurai besoin d'étayer mes idées que de quelques faits d'une saine physiologie pour entraîner la conviction ; qu'on se fasse une idée exacte du cheval qui arrive d'une course plus ou moins longue, pendant laquelle il a été exposé à tout le poids de la chaleur de ces climats ; il est couvert de sueur, les propriétés vitales sont diminuées, sa respiration est accélérée, pénible, sa circulation rapide, inégale, enfin un trouble général se manifeste dans toute l'économie ; un tel état entraîne l'affaiblissement général du sujet, et plus particulièrement celui de l'appareil digestif ; les alimens donnés dans ces circonstances ne peuvent être digérés ; leur présence fatigue inutilement l'estomac, qui ne jouit pas de l'activité nécessaire à la digestion ; de là le dégagement de gaz nuisibles, de là enfin l'indigestion qui, compliquée de la perte des forces de l'animal, devient plus grave et plus difficile à combattre.

Parmi les graines des céréales qui sont éminemment nutritives, on distingue l'orge, surtout l'espèce cultivée dans le midi ; introduite seule dans l'estomac, elle y éprouve facilement une sorte de fermentation qui suspend l'action digestive, et amène la distension de l'estomac par le dégagement des gaz produits de cette altération, elle joint à cet inconvénient celui d'être avalée avec avidité par les chevaux, qui en sont très-friands ; si on la leur donne seule, c'est-à-dire, sans la mélanger soigneusement avec la paille hachée, alors elle est peu ou moins bien travaillée par les organes de la mastication; arrivée dans l'estomac, elle se gonfle et dégage des gaz qui provoquent l'indigestion : ce qui nous conduit à conclure que l'orge, qui est l'aliment ordinaire du cheval dans les régions chaudes, ne doit être donnée qu'avec prudence, et bien mélangée avec la paille hachée, surtout après un temps de repos qui permet aux organes digestifs de reprendre leur force et leurs fonctions : je crois devoir rapporter à l'appui de mon opinion le régime que les Espagnols font observer assez constamment à leurs chevaux en voyage.

Les écuries des ventas, des posadas sont en général obscures, peu ou point aérées et malpropres ; le voyageur arrivé au lieu de repos ôte à sa monture sa charge ou sa valise ; mais il lui conserve sa selle ou son bât ; souvent même il l'enveloppe d'une couverture ; après ce premier soin, il l'attache à une barre qui remplace le ratelier, meuble inutile dans les écuries espagnoles ; la porte est fermée, autant pour écarter les insectes ailés, que pour éviter les courans d'air ; le cheval ou le mulet se reposent une heure dans cette situation , pendant que le voyageur fait les préparatifs de son repas ; après quoi il s'occupe de sa monture, il s'assure d'abord qu'elle n'a plus chaud , qu'elle est bien calme, et alors, s'il est soigneux, il la débarrasse de la selle, du bât ; il lui essuie le corps avec une épousette ou un morceau de couverture ; si elle a chaud, si l'écurie est froide, si la nuit est fraîche, il ne la dégarnit point de ses harnais ; ces précautions prises, il lui fait commencer son repas, en lui donnant à peu près la moitié de l'orge et de la paille hachée qui composent sa nourriture à chaque station, ce qui a lieu trois fois dans vingt-quatre heures. Cette première partie du repas dure ordinairement cinq à six quarts d'heure ; il la fait boire ensuite soit à l'eau de puits, soit à la rivière ; dans l'un et l'autre cas, il agite l'eau, pour lui donner une température convenable ; il évite surtout de laisser boire à l'animal une trop grande quantité de liquide (on estime peu en Espagne le cheval, l'âne, le mulet qui boivent beaucoup, et leur éducation est dirigée de manière à éviter cet inconvénient). A sa rentrée de l'abreuvoir, l'animal reçoit l'autre moitié d'orge et de paille mélangée avec soin ; il termine son repas : alors, si le voyage doit commencer ou continuer, c'est-à-dire, si c'est le matin ou dans le cours de la journée, lorsque la chaleur n'est plus incommode, il couvre son cheval de ses harnais, excepté la bride, pour le préparer au voyage, et l'engager à tirer bon parti de la dernière moitié de l'aliment qu'il vient de lui donner : c'est une heure au moins après cette distribution que le départ a lieu. Tel est le régime que le voyageur espagnol fait observer à son cheval, à son mulet : il peut servir de règle à cet égard.

Les considérations précédentes prouvent que c'est à l'oubli d'un régime simple qu'on doit attribuer une très-grande partie des pertes de chevaux dans ces contrées : pour prévenir, ou diminuer autant que possible ces mortalités, nous proposons les mesures suivantes.

Tout homme de cheval, à son arrivée au lieu de repos et de séjour, doit enlever son porte-manteau ou autre charge qui pèsent sur sa monture : cette première attention sera suivie immédiatement de celle d'ôter le gros de la sueur, de la boue, etc., au moyen d'un couteau de chaleur ou couteau flexible et peu tranchant, ou avec un vieux linge (la paille étant rare pour faire un bouchon); le cheval sera mis ensuite à l'écurie, en évitant de le placer aux courans d'airs ou dans les endroits fangeux. Si la troupe campe ou bivouaque, on cherchera l'exposition la plus favorable, autant que la nature du service le permettra. Cette exposition sera choisie de manière que les chevaux soient le plus possible à l'abri des vents froids, des nuits fraîches ; une haie, un mur, un bois, un revers de montagne qu'on oppose au vent rempliront bien le but. Dans ce cas, les animaux resteront couverts de leurs harnais, s'ils n'ont pas de couvertures propres à les garantir. L'animal ainsi placé, gardera le repos pendant une heure, temps nécessaire pour rétablir le calme dans toutes ses fonctions, et permettre surtout aux organes digestifs de reprendre leur énergie accoutumée.

Le militaire soigneux pourra ralentir l'allure de son cheval, quelque temps avant d'arriver au gîte, autant que son service peut le permettre ; mais jamais il ne se dispensera de lui accorder à son arrivée l'heure de repos qui doit précéder le repas.

Le cheval, reposé depuis une heure et débarrassé de ses harnais, s'il est placé conve-

nablement, recevra sa nourriture de la ma=
nière énoncée ci-après.

La ration ordinaire d'un cheval en Espagne
se compose, pour les vingt-quatre heures, des
proportions suivantes :

Orge en grains, douze litres (*un boisseau*).

Paille hachée , dix à douze kilogrammes
(*vingt à vingt-quatre livres*).

Chaque cheval consommera sa ration dans
les vingt - quatre heures, en trois repas : le
premier aura lieu le matin, au moins deux
heures avant le départ ; le deuxième , de
midi à trois heures ; et le troisième , à l'entrée
de la nuit.

Les douze litres d'orge et les dix à douze ki=
logrammes de paille hachée seront divisés par
tiers pour former chaque repas : ainsi , pour
la première partie, le cheval recevra deux litres d'orge et deux kilogrammes de paille hachée ; on aura surtout l'attention de nettoyer
bien exactement l'auge et de mélanger le
mieux possible l'orge et la paille , afin que
l'animal ne puisse manger l'une sans l'autre.

Un peu d'eau salée, ou quatre à cinq grammes (deux pincées) de muriate de soude, ou

sel de cuisine bien broyé, répandu sur ces alimens à chaque repas, pendant quelques jours, serait un moyen très-efficace pour prévenir le dégoût du cheval et rappeler l'énergie des organes digestifs : ce condiment est surtout un agent utile pour parer aux mauvais effets des eaux crues ou froides; seulement il ne faudrait pas en abuser, soit en le donnant à plus forte dose, soit en le continuant sans intervalles; il est bon d'en cesser l'usage au bout de cinq à six jours, et de le reprendre tous les quinze à vingt jours. Beaucoup de militaires, et surtout ceux qui sont nés en Allemagne, apprécient les avantages du sel donné, avec ces précautions, au cheval de guerre : j'en ai connu qui répandaient habituellement leurs urines sur le foin avant de le donner au cheval : cette petite attention plaisait infiniment à l'animal, qui était gras et bien portant. Il serait possible que certains chevaux montrassent de la répugnance pour les alimens imprégnés des principes salins, mais bientôt ils s'y habitueraient. Les Espagnols font eux-mêmes un fréquent usage du sel pour leurs chevaux et leurs bêtes à laine. Il est inutile d'observer que cette dernière attention n'est pas de rigueur, c'est simplement un avis utile au plus grand nombre des cavaliers.

Il s'écoulera donc une heure entre cette première partie de chaque repas et la deuxième ; au bout de ce temps, le cheval qui aura mangé sa première moitié d'alimens, sera abreuvé avec les précautions suivantes : si c'est à un ruisseau, à une rivière, à une source, etc., qu'on le conduit, on s'assurera d'avance, autant que possible, que ces abreuvoirs ne présentent point de dangers , soit par la qualité des eaux , soit par les moyens d'arriver dans le courant du fleuve; le cheval y sera conduit à une allure lente et point agitée ; chaque homme n'en conduira que deux à la fois : il est surtout expressément défendu d'abreuver avant l'heure de repos et avant la première partie du repas. Si c'est à un puits, à une source que l'eau est tirée pour la présenter au cheval, une précaution très-utile ajoutée aux précédentes serait qu'elle fût préparée d'avance, qu'elle fût exposée à l'air, au soleil, ou au moins fortement agitée avant de la laisser boire à l'animal : ces différens moyens ont l'avantage de donner à ce liquide une température plus douce, et d'empêcher, par conséquent, les mauvais effets de sa crudité. Une attention importante est celle d'empêcher le cheval de prendre d'un seul trait une trop grande quantité de boisson : on remplira ce but en forçant l'animal de dégager momenta-nément sa bouche de la surface du liquide, pour respirer plus librement et boire ensuite de nouveau. Il est facile de concevoir que cette grande quantité d'eau, introduite rapide-ment dans l'estomac, a le double inconvé-nient de faire diminuer très-promptement la température de l'animal, circonstance funeste à la digestion, et de délayer le suc gastrique, de lui ôter, par conséquent, une très-grande partie de ses propriétés.

Le cheval doit donc boire à plusieurs re-prises, et ne pas satisfaire sa soif d'un seul trait. Sa boisson prise, il est reconduit au pas à l'écurie ou à son attache : il serait avantageux d'habituer les chevaux à boire moins d'eau qu'en France.

La première partie du repas terminée, le cheval, abreuvé avec les précautions conve-nables, de nouveaux soins se présentent : si le voyage doit être continué, si c'est le matin ou l'après-midi, ou bien s'il doit passer la nuit

ou séjourner, on aura les attentions suivantes :
s'il doit partir, on le couvrira de ses harnais,
excepté la bride ; s'il séjourne, qu'on craigne
les nuits froides, les courans d'air, on le tient
couvert ; il reste nu, au contraire, si l'air est
doux , s'il fait très-chaud. L'habitude de seller
son cheval avant la fin du repas est utile pour
le préparer au départ et l'inviter à tirer bon
parti de la dernière moitié de paille hachée et
d'orge qu'il reçoit au retour de l'abreuvoir : ces
alimens sont mélangés avec le même soin que les
premiers. Une heure ou deux au plus après cette
distribution, l'animal est disposé au départ; autant que possible, il est utile de ménager le cheval
en partant , pour favoriser l'accomplissemént
entier de l'acte de la digestion , et ne pas causer
un grand trouble dans l'économie animale. Il
serait superflu de rappeler ici que le pansement
de la main sera pratiqué aux heures et avec les
précautions ordinaires. Mais si , par l'oubli de
ces attentions si faciles, si, par la nature des
eaux , si, par quelques autres influences maladives, quelques chevaux étaient atteints d'indigestions, de coliques, nous croyons devoir
terminer cet article par un exposé rapide et seulement applicable à ces circonstances ; exposé

qui retrace les principaux symptômes et les moyens curatifs le plus à la portée, afin de soustraire à la mort les animaux que ces affections graves et rapides attaqueraient. Nous observerons que ce n'est pas un traité de toutes les coliques et indigestions, déjà connues et distinguées, que nous nous proposons de faire, mais simplement un plan de curation du cas pathologique qui vient de nous occuper : c'est donc une monographie de l'indigestion et de la colique d'Espagne que nous avons intention de faire, et non un traité complet de toutes les maladies aiguës des organes de l'abdomen. Le même motif nous fera éviter la prescription de médicamens difficiles à trouver, surtout en campagne ; d'ailleurs, la médecine des animaux, et en particulier celle du cheval en voyage, doivent être aussi simples que précises dans leur marche.

Distinction des Coliques et des Indigestions.

L'indigestion est la suspension de l'acte digestif dans l'estomac : comme les coliques sont des douleurs aiguës des intestins et des organes urinaires, qui troublent leurs fonctions, l'indigestion se montre presque toujours après ou pendant le repas; les coliques, au contraire, surviennent ordinairement à la suite ou d'un travail forcé ou d'un repos excessif; quand elles sont produites par l'eau crue, par le froid, elles suivent de près la cause qui les détermine. Nous ne parlerons point des coliques urinaires, des coliques stercorales et herniaires qui n'appartiennent point au cas maladif que nous exposons.

Symptômes des Coliques et des Indigestions.

Premier temps : l'animal cesse brusquement de manger; il a ordinairement le ventre et les flancs tendus, il agite sa queue, regarde son ventre, gratte le sol avec ses pieds et cherche à se coucher; le pouls est petit, concentré.

Second temps : l'agitation augmente, l'animal se couche, se roule, se relève pour se coucher aussitôt, ses yeux sont larmoyans; la bouche chaude, le pouls plus serré ou plus concentré; il regarde son ventre plus fréquemment; on entend quelquefois des borborygmes, signe qui, ordinairement, est de bon augure; une sueur d'expression se manifeste aux ars antérieurs et postérieurs.

Troisième temps : l'anxiété, les douleurs augmentent, l'animal gémit, fixe constamment ses yeux sur son ventre ; l'abdomen est balonné, distendu, douloureux ; le cheval ne peut rester de bout un seul instant : dans les coliques, l'intestin rectum est contracté spasmodiquement, sa température est très-élevée, il rend ses lavemens de suite ; s'il y a indigestion, l'animal refuse de prendre des breuvages, et la région de l'épigastre est très-douloureuse : il soufre davantage après avoir pris le breuvage.

Signes d'un mauvais augure.

Les sueurs froides, les yeux enfoncés, la pupille dilatée, le froid des extrémités, un calme apparent qui succède subitement à de violens efforts, à des douleurs atroces, la face ridée et convulsive, des efforts semblables au vomissement, l'air expiré fétide.

Signes avantageux.

Les borborygmes, le relâchement des muscles abdominaux, la diminution graduée de la douleur et de l'agitation, la sortie fréquente des vents, les urines et la stercoration faciles, copieuses, la figure plus gaie.

Traitement.

Ces maladies sont produites, dans la circonstance qui nous occupe, ou par le dégagement de gaz nuisibles, ou par l'irritation des organes digestifs, ou par la perte de leurs propriétés vitales, état tout à fait différent et qui demande des moyens curatifs opposés : dans un cas, il y a trouble et exaltation de la vie; dans l'autre, il y a faiblesse et épuisement du sujet : dans le premier état, les douleurs sont vives, la marche de la maladie est rapide; dans le second, l'agitation est moins forte, plus espacée, la maladie se continue plus long-temps, le pouls est lent, la chaleur du corps peu élevée. Il y a deux indications à remplir : diminuer le spasme, ramener le calme dans les organes digestifs, modérer la sensibilité, empêcher l'abord trop considérable des fluides vers l'estomac et les intestins dans les sujets vigoureux, ou réveiller les organes intestinaux, activer leurs fonctions dans les sujets faibles. Les chevaux de guerre se trouvent souvent placés dans ce dernier cas ; ils doivent cette faiblesse aux fatigues et à l'influence du climat.

Traitement dans le cas d'Irritation.

Il faut placer l'animal dans une température douce, le couvrir, lui frotter le ventre, lui vider le rectum, le promener doucement, lui ôter les alimens solides et l'engager à boire de l'eau tiède blanchie avec la farine : ajouter à ces moyens des lavemens fréquens et quelques breuvages composés avec des boissons tièdes et nitrées ; une diète aqueuse et sévère qui prévienne les rechutes. On peut remplacer le nitre par le sel ordinaire.

Moyens curatifs dans les cas de faiblesse.

Diète, promenade légère, bouchonnement et frictions sur le ventre, température élevée et maintenue par des couvertures, vider le rectum, tenir le ventre libre par de fréquens lavemens aromatiques, breuvages composés de vin chaud animé par un peu de canelle, ou bien infusion de plantes aromatiques et amères : la camomille romaine, la sauge, le thym , la lavande, etc., plantes qu'on rencontre à chaque pas en Espagne : telle est la base du second traitement. Nous n'indiquons pas l'éther sulfurique, qu'on ne se procure pas facilement dans ces circonstances.

Régime du Cheval de guerre dans une ville assiégée.

Le cheval de guerre est exposé à une foule de privations dont on peut modifier tellement les mauvaises influences qu'elles cessent d'être nuisibles si on les amène insensiblement. Il est bien démontré que les changemens brusques causent plus de désordres et plus de pertes que les privations elles-mêmes ; guidé par ce principe d'hygiène, je crois qu'on peut arriver successivement à une grande économie de fourrages dans une place assiégée, en prolongeant ainsi sa défense et en conservant les chevaux qui y sont renfermés. Pour éviter les effets nuisibles qui naissent de ces changemens, au retour de l'abondance, il faut rétablir le régime ordinaire en suivant une graduation augmentative d'alimens, comme on a

observé une progression diminutive de la ration. J'établirai ainsi cette graduation :

Maximum de la Ration de siége.

Avoine, demi-boisseau ou six litres.
Foin, demi-botte ou cinq livres.
Paille, botte et demie ou quinze livres.

Medium de la Ration.

Avoine , un tiers de boisseau ou quatre
litres.
Foin, un quart de botte ou trois livres.
Paille, une botte ou dix livres.

Minimum de la Ration.

Avoine, un quart de boisseau ou trois litres.
Foin, un cinquième de botte ou deux livres.
Paille , quatre cinquièmes de botte ou huit
livres.

Pour que le cheval mange toute la paille,
qu'elle serve de lest et en même temps d'aliment, il est utile de la donner hachée. Cette
observation s'applique au foin et autres fourrages qui, hachés et mélangés avec la paille,

forment un composé qui plaît à l'animal et calment mieux sa faim; dans l'une et l'autre de ces circonstances, l'avoine et l'orge sont unies à la paille hachée, et données en même temps : cette union de substances très-nutritives, mais en petite quantité, avec des fourrages grossiers peu digestes, faisant la base de ration, excitent l'appétit et favorisent la digestion; le contraire arrive, si on donne isolément ces substances.

Plus les alimens auront de qualités, plus on pourra en diminuer graduellement la dose, en y ajoutant une certaine proportion de substances peu nutritives qui lestent l'estomac et préviennent la faim. Une autre observation non moins intéressante : plus les chevaux se trouvent en bon état de santé et d'embonpoint, mieux ils peuvent supporter sans inconvéniens la diminution progressive de nourriture; au contraire, plus ils sont faibles et maigres, moins on doit espérer leur conservation, surtout si on est dans la nécessité de diminuer beaucoup la nourriture, motif qui doit décider de bonne heure à sacrifier un certain nombre de chevaux pour conserver le reste, en réservant les meilleurs ou les moins affaiblis, et surtout les plus jeunes.

L'orge peut être substituée avec avantage à l'avoine dans tous les pays : comme cette graminée est plus nourrissante, on peut la donner à plus faible dose, c'est-à-dire, aux deux tiers de la ration d'avoine. J'en dis autant du maïs (*zea maïs*) ou blé de Turquie et de l'épautre (*triticum spelta*); ce premier provoque le développement considérable du ventre et expose le cheval à devenir gros d'haleine ou souffleur; le second a l'inconvénient d'échauffer et de disposer, ainsi que le froment, aux maladies pléthoriques, si on en fait un trop long emploi, et surtout si on le donne en trop grande quantité.

Le son remplace également l'avoine, surtout s'il est gras, c'est-à-dire, s'il contient une certaine quantité de farine, mais il a l'inconvénient de s'altérer promptement.

La paille de froment, lorsqu'elle est bonne et qu'elle est fraîchement battue, remplace entièrement le foin dans les temps de disette; un cheval de guerre, de quelque arme qu'il soit, vivra bien avec un demi-boisseau d'avoine (six litres) et une botte et demie de

paille ; dans les momens les plus pressans, tr
litres d'avoine (un quart de boisseau), u
botte de paille suffiraient pour conserver ı
cheval.

Les prairies ou pâturages qui se trouve
dans l'enceinte ou aux environs d'une vil
assiégée seraient aussi d'une très-grande re
source pour la cavalerie. Si l'herbe est haut
on doit la faucher et la faire manger au rat
lier ; car en la laissant paître en liberté, l
chevaux la souilleraient de leurs excrémen:
ou la briseraient sous leurs pieds ; alors on r
tirerait pas un aussi bon parti de cette re
source importante. Pour éviter les effets rel.
chans de la nourritute verte dans des chevau
affaiblis par les privations, on pourrait unir
cette herbe de prés naturels ou artificiels, un
certaine quantité d'alimens secs : c'est mêm
un moyen d'utiliser des fourrages de médioci
ou mauvaise qualité : en les donnant avec d
vert, ils ne causent aucun trouble fâcheu
dans les fonctions, et ils ménagent les bonne
nourritures.

Si le pâturage est court, qu'on ne puiss
faucher l'herbe, on y fait paître les chevaux
alors on a l'attention de ne pas les abandonne

à discrétion dans la prairie ; on y fait plusieurs divisions qu'ils pâturent successivement ; on tire, par ce moyen, un meilleur parti de cette ressource et les chevaux s'y nourrissent plus long-temps.

La ration du vert n'est pas fixée pour le cheval qui paît l'herbe, c'est son appétit qui sert de règle ; la dose du vert donné à l'écurie, lorsqu'on doit le ménager, est de quinze kil. ou trente livres. On peut porter encore plus loin l'économie, si c'est de la luzerne, du sainfoin, du trèfle et autres plantes très-succulentes, et qui, sous un petit volume, contiennent plus de principes nutritifs que les plantes qui croissent sur les prés de mauvaise ou médiocre qualité. Toute chose égale, le maximum de la ration de vert dans une ville assiégée est de vingt-cinq kil. ou cinquante livres ; le minimum, de douze à quinze kil., vingt-quatre à trente livres. Nous avons eu occasion d'observer que, dans ce dernier cas, il était avantageux d'y ajouter une certaine quantité de paille et autres substances sèches qui, quoique peu propres à nourrir, lestent l'estomac et empêchent l'animal d'éprouver la faim.

On pourrait même alors diminuer la ratio[n]
de vert dans la proportion de la perte de poid[s]
que le vert éprouve par la fanaison : on sai[t]
que, calcul moyen, sept livres d'herbes n[e]
donnent qu'une livre de foin.

Si les chevaux font un service actif, on pren[d]
pour base de la ration de siége le maximun[m]
du tableau précédent ; on adopte, au contraire[,]
le minimum de ces rations pour les corps qu[i]
font un service léger.

La manière la plus sage de consommer l[a]
ration, est de la donner en trois fois, de hui[t]
heures en huit heures. Les chevaux arabes n[e]
font qu'un ou deux repas dans vingt-quatr[e]
heures, et ne boivent qu'une fois : quelqu[e]
avantageuse que puisse être cette habitud[e]
pour conserver à l'animal son énergie et s[a]
sobriété, il faut qu'il l'ait acquise dès son jeun[e]
âge, autrement je pense qu'il serait dangereu[x]
de lui faire adopter ce régime, surtout s'i[l]
avait des goûts opposés.

Le foin doit commencer le repas, l'anima[l]
est ensuite abreuvé ; c'est au retour de l'abreu[-]
voir qu'il reçoit l'avoine : les pratiques op[-]
posées ne nous paraissent pas conformes au[x]

principes d'une saine physiologie et surtout à l'expérience. Voici comment je justifie mon opinion : il est raisonnable de donner d'abord la substance la moins savoureuse, la moins nutritive, autrement le cheval qui aurait mangé la plus délicate en premier rechercherait peu celle qui flatterait moins les organes du goût et de la digestion ; l'appétit, qui contribue si efficacement à une bonne digestion, ne serait pas aiguillonné, en réservant le foin et la paille pour la fin du repas : un autre motif aussi puissant doit faire réserver l'avoine pour être donnée la dernière ; si un animal a faim, on remarque qu'il mange avec gloutonnerie, ou, suivant l'expression du vulgaire, il ne fait que prendre et avaler ; en lui donnant, dans ce cas, l'avoine la première, il ne prend pas le temps de la broyer, il l'avale sans qu'elle soit écrasée sous ses dents et sans être suffisamment pénétrée de salive ; alors elle ne sert point dans cet état à la nourriture du cheval, puisqu'il est reconnu que chaque grain de cette graminée, ou de toute autre graine de cette famille, est rejeté sans altération de l'intestin du cheval, lorsqu'il ne l'a point broyé préalablement.

C'est au milieu du repas, et non à la fin, que le cheval doit être abreuvé ; autrement le liquide aqueux pourrait distendre outre mesure l'estomac, diminuer sa température, délayer le suc gastrique et troubler ou suspendre la digestion. (On dit, avec raison, dans le vulgaire, qu'on coupe les jambes du cheval lorsqu'il boit au moment de se mettre en route, et surtout sur la fin du repas.)

Substances propres à remplacer les alimens ordinaires dans les temps de disette ou de rareté de fourrages.

PREMIÈRE SÉRIE.

Substances à donner en place d'Avoine.

Parmi les racines, nous distinguons plu spécialement la pomme de terre, le topinambour, les carottes, les navets, les raves, le pa nais, la betterave qu'on cultive en grand. L dose de ces substances est variable, suivant la taille et le développement des animaux, lorsque ces racines sont données fraîches : leur dose moyenne est de dix à douze kilogr., vingt à vingt-quatre livres, dans vingt-quatre heures. On pourrait dépasser de beaucoup ces proportions sans nuire à l'animal; mais nous observons que cette prescription est faite pour les temps de disette, où il importe tant d'user d'économie.

On a proposé plusieurs modes de préparation et de conservation de la pomme de terre : les uns la donnent fraîche après l'avoir coupée en morceaux avec le moulin à racines, les autres l'écrasent sous le pilon; quelques personnes la donnent entière, mais on doit craindre que les animaux ne la mangent sans la broyer sous les dents, et que le séjour d'un de ces tubercules, dans l'arrière-bouche ou dans l'œsophage, ne provoque des accidens fâcheux et souvent mortels, si une main habile ne vient au secours de l'animal. Il se présente trois moyens de secourir le malade : si le corps étranger n'a pas franchi l'arrière-bouche, on le saisit en même temps qu'une main exercée fait rétrograder la pomme de terre en pressant la gorge de derrière en avant ; lorsqu'elle a franchi le pharynx et qu'elle est engagée dans la première moitié de l'étendue de l'œsophage dans tout le trajet de l'encolure, on peut encore la faire rétrograder en la pressant de derrière en avant ; mais il est plus simple de l'écraser entre deux maillets ; les habitans des campagnes emploient leurs sabots à cet effet, et le tubercule écrasé est conduit dans l'estomac par l'action contractile de l'œsophage. Si le corps étranger résiste à ces moyens, on l'extrait au moyen d'une opération chirurgicale qu'on nomme œsophagothomie ; lorsqu'il a franchi la pointe du sternum et qu'il est arrêté dans le trajet du thorax, les breuvages huileux peuvent être utiles, mais le danger est pressant et les moyens de curation très-incertains : quelquefois le corps s'échappe de lui même et est poussé dans l'estomac au moment des convulsions et des angoisses de l'animal.

Lorsque la pomme de terre reste coupée ou écrasée, vingt-quatre heures avant de la donner, surtout à l'époque de sa germination, elle produit des indigestions graves et souvent mortelles dans le mouton et le bœuf : j'ai remarqué que, dans le mois d'avril, c'est-à-dire, au moment où sa radicule sort, elle acquiert une odeur particulière et une saveur aigre qui cause les mêmes accidens : l'usage du sel ordinaire ou muriate de soude est un excellent correctif dans cette circonstance.

On donne aussi la pomme de terre cuite, mais toujours dans l'intention d'engraisser les animaux; je n'ai pas eu occasion de voir des chevaux soumis à ce régime familier au cochon et à d'autres espèces d'animaux domestiques.

La pomme de terre est très-altérable, elle redoute surtout l'action du froid; on doit au savant Parmentier les procédés qui conservent et utilisent cette précieuse racine; lorsqu'elle est gelée, si on la fait sécher au four, elle ne cesse point d'être un bon aliment; coupée en morceaux et séchée, elle ne redoute plus le froid, et peut se conserver long-temps.

Lorsque dans un temps de disette on a une certaine quantité de substances propres à remplacer les alimens ordinaires, il est utile de les mélanger plutôt que de les donner les unes après les autres, car le changement suc-

cessif d'alimens dérangerait et pourrait troubler les fonctions.

Les topinambours, les navets, le panais,
la carotte, la betterave, les raves sont donnés
à la même dose et avec le même succès que la
pomme de terre.

L'avoine et l'orge peuvent être remplacées
encore par les haricots, les pois, les fèves,
le lupin, le lotier, la gesse, la vesce, les lentilles, le maïs, les gaudes, le seigle, le blé
noir ou sarrasin, le chenevi, la graine de lin,
le riz, le sorgo ; la première classe de ces
graines n'a que l'inconvénient d'être dure et
difficile à broyer sous la dent ; pour que cet
inconvénient disparaisse , on peut les faire
tremper douze heures dans de l'eau potable;
comme elles sont très-nourrissantes, on les
donne aux deux tiers de la ration d'avoine ; le
sarrasin et le chenevi sont très-échauffans et
irritent les organes urinaires au point de produire le pissement de sang; en les donnant à
moitié dose de l'avoine et unis à partie égale
de graine de lin, on prévient tout accident
maladif.

Les résidus de distillerie, de brasserie, de
brandevinerie, les mares de raisin, la drèche,

les tourteaux des huileries forment des ressources importantes dans les temps ordinaires,
et plus encore dans la disette ; les marrons, la
châteigne, le gland, la fêne, la noix, les noi-
settes cassées seraient aussi employés dans de
telles circonstances ; le gland contient un principe irritant qui ne doit le faire employer que
faute d'autres substances ; on dit que le fruit
de certaines espèces de chêne ne contient pas,
à un degré marquant, le même principe : la
dose de ces graines est la même à peu près que
celle de l'avoine.

DEUXIÈME SÉRIE.

*Substances propres à remplacer la Paille
et le Foin.*

Tous les fourrages obtenus de prairies artificielles remplacent habituellement le foin,
comme les pailles de seigle, d'orge, d'avoine,
de fèves, de pois, de haricots, de gesse, de
lentilles, les tiges de maïs, de colsa peuvent
tenir lieu de paille de froment.

L'ajouc, ou jonc marin dont on a brisé les pointes ou aiguillons par le battage ou en le hachant, la bruyère, les feuillards d'orme, de chêne, d'acacia, de cormier, **de sorbier,** de bagnaudier, de platane, d'érable, de genet d'Espagne, de citise, de coudrier, d'oranger, de citronnier, d'olivier, les feuilles de vigne, les tiges de mauves, de guimauves, de réglisse, qui sont consacrés à la nourriture des bestiaux dans les mauvais pays, ne sont pas à dédaigner dans la disette : ils se donnent à la même dose que la paille. Lorsqu'on fait usage des feuillards de frêne, de lilas et autres arbres qui attirent les cantharides, avant d'en user, il faut s'être assuré qu'ils ne contiennent aucunes parcelles de ces insectes dangereux.

La chicorée sauvage, les laitues, la mauve, la mercuriale, toutes les espèces de choux, le rutabaga, les herbes desséchées des bois, les chardons, enfin toutes les plantes qui croissent en abondance et sans culture, qui ne sont point vénéneuses, deviennent utiles dans la disette ; il est préférable de les mélanger pour en faire un composé plus agréable et surtout plus profitable aux animaux ; enfin, dans les besoins les plus pressans, la terre glaise pétrie avec des écorces d'arbres et quelque peu de substances farineuses assouvissent la faim et préviennent une mort cruelle. J'ai vu des chevaux pressés par le besoin manger du bois et même leurs crotins, afin de calmer les douleurs atroces qui naissent de la vacuité de l'estomac : quelques auteurs pensent que dans cette cruelle position les animaux herbivores vivent comme les carnassiers.

Questions adressées à M. le chevalier de Hogel-Muller, sur le Cheval arabe.

QUELLE est l'origine du cheval arabe?

Est-ce une race que les soins de l'homme ont rendue plus parfaite, ou se serait-elle conservée avec son type originel?

Trouverait-on dans des monumens, dans des écrits très-anciens, des preuves qu'elle n'a pas encore perdu, par le temps, les qualités qu'on lui avait reconnues, ou qu'elle a acquis par la suite et successivement celles qui la distinguent aujourd'hui?

La race des chevaux arabes n'offre-t-elle pas plusieurs variétés distinctes?

Les kochlani, les kadischi, indépendamment des certificats authentiques qui assignent
l'origine des premiers, ne présentent-ils pas
des distinctions notables tirées des formes exté-
rieures et des qualités?

Des voyageurs, des hyppiatres ont l'opinion qu'on peut trouver dans les kadischi des
étalons aussi parfaits que dans les kochlani ;
si les derniers n'avaient, en effet, d'autre avantage sur les premiers que la preuve certaine de
leur origine, on pourrait en conclure que les
kochlani et kadischi sortent d'une seule et
même souche; si, au contraire, la distinction
est facile, et qu'à l'examen on puisse trouver
des différences sensibles, nul doute que cette
distinction des kochlani et des kadischi importe
à l'amélioration de l'espèce cavaline.

Si les races des chevaux arabes sont distinctes, si elles se bornent à celles de kochlani
et des kadischi seulement, une bonne et rigoureuse description des formes qui établissent
ces différences, devient du plus grand intérêt ;
il est important de ne s'attacher qu'aux caractères bien saillans : la taille, la nuance des
poils, les formes particulières de la tête, de
l'encolure, de la croupe, etc., etc.

Ces races habitent-elles toutes les contrées de l'Arabie, ou sont-elles bornées dans certains cantons?

Les Arabes ont-ils recours à l'éruption, au remplacement, à l'usure des dents pour fixer les époques de la vie de leurs chevaux?

S'en rapportent-ils aux moyens usités en Europe pour cette indication?

Ont-ils des remarques qui leur sont particulières, ou comptent-ils leur âge sur le certificat de naissance?

Les alimens, le régime, le genre de service peuvent-ils influer, comme en Europe, sur l'usure des dents; les Arabes ont-ils recours à des ruses pour masquer ou cacher l'âge **exact** de leurs animaux?

Les Arabes ferrent-ils leurs chevaux?

Les ferrent-ils des quatre pieds?

Les fers de devant ressemblent-ils à ceux de derrière?

Quelle est la forme des fers, des clous et des instrumens employés à la ferrure?

On désirerait une pièce de chacun de ces objets; parent-ils les pieds?

La ferrure donne-t-elle lieu, comme en Europe, à plusieurs accidens, la piqûre, l'enclouure, la bleime, etc.?

Les chevaux arabes, exposés à des courses longues et rapides, sont-ils affectés de claudications, de fourbures, d'efforts d'articulation et autres accidens?

Quelle est la plus longue course dont soient capables les différentes races de chevaux arabes?

L'Arabe élève-t-il son cheval dans un état de liberté parfaite, ou de domesticité absolue?

On nous le représente conduisant, avec sa famille, ses jumens, ses poulains, qu'il fait parquer autour de sa tente.

Les émigrations des Arabes influent-elles sur le tempérament, les formes, le caractère, la force du cheval, soit par l'effet du climat, soit par le changement de nourriture?

Le tableau que les voyageurs ont tracé de la sobriété, de la vigueur, de la patience du cheval arabe est-il bien exact?

Son courage à supporter les fatigues, les privations les plus étonnantes, toutes ces qualités, enfin, qu'on lui accorde, sont-elles le partage des chevaux arabes sans distinction, ou sont-elles l'apanage de certaines races, ou l'effet de l'éducation, ou de certaines habitudes ?

Les lois, les usages déterminent-ils le nombre de chevaux que l'Arabe peut élever ; le commerce des chevaux est-il libre ?

Y a-t-il des réglemens ou coutumes qui fixent une garantie.

Y a-t-il en Arabie des écuyers, des manéges ?

Comment dresse-t-on les chevaux ?

Quels sont les avantages, les inconvéniens de la forme, de l'emploi de la bride, de la selle, etc., etc. ?

Les chevaux sont-ils à couvert dans les heures de repos et de séjours de l'Arabe, ou sont-ils exposés en plein air ?

Comment sont-ils fixés, attachés ; comment leur donne-t-on leurs alimens ?

Mangent-ils à terre, ou dans des sacs, ou des vases particuliers ?

Le pansement de la main est-il pratiqué en Arabie ?

Si on le fait, quels sont les instrumens dont on se sert, et en quoi diffèrent-ils de ceux usités en Europe ?

Le cheval arabe est-il préparé aux courses, aux voyages de longue durée ; quel régime lui fait-on observer dans ces circonstances, avant et après ces courses ?

Pendant combien d'années le cheval arabe peut-il supporter ces fatigues ; à quel âge y est-il préparé, à quelle époque est-il propre à ce travail ?

A quel âge l'étalon et la jument arabes sont-ils employés à la reproduction ; fait-on la castration dans le mâle et dans la femelle, et de quelle manière se pratique-t-elle ?

L'Arabe évite-t-il la consanguinité dans l'appareillement ?

Quelles sont les règles dans le choix du mâle et de la femelle ?

Quel est celui des deux individus auquel il attache le plus d'importance pour la conservation de la race ?

Quels sont les beautés ou les défauts qui se transmettent par voie de génération ; quelques vices ou maladies, tels que les éparvins, les tics, l'épilepsie, la pousse, la fluxion périodique, etc., sont-ils héréditaires ?

Tout ce qu'on a dit sur le mode de constater l'accouplement et la naissance est-il exact ?

Quelles sont les différentes manières de faire la monte, à quelle époque se fait-elle?

L'étalon et la jument sont-ils préparés à ce service par un régime particulier?

L'Arabe croit-il que la jument, lors de l'accouplement et pendant la gestation, puisse transmettre à son fœtus les diverses impressions qu'elle reçoit; croit-il que ces impressions laissent des traces durables dans le petit sujet; a-t-il recours, pour cet effet, à quelques pratiques?

La jument donne-t-elle quelquefois des poulains informes; ces productions sont-elles attribuées à ces causes?

Le rut, dans les jumens, présente-t-il les mêmes signes qu'en Europe; comment l'Arabe reconnaît-il que la jument est fécondée?

Quels sont les signes de stérilité?

A quel âge la jument cesse-t-elle de se reproduire?

Y a-t-il des maladies particulières aux organes de la génération?

Combien dure la gestation de la jument?

A quel régime, à quel exercice est-elle soumise pendant cette époque?

Quels soins particuliers lui donne-t-on quand elle est prête à mettre bas?

Le part est-il facilité dans certains cas, ou est-il toujours abandonné à la nature ?

Lors de l'expulsion du délivre, l'Arabe recueille-t-il les hyppomanes dont les effets étaient autrefois si vantés par les médecins de ces contrées ?

Lorsque la jument dévore son délivre, est-elle exposée à quelque accident ?

L'avortement est-il fréquent ; quelles en sont les causes et les suites ?

Quel mode de traitement emploie l'Arabe dans cette circonstance ?

La jument donne-t-elle quelquefois plusieurs poulains ?

Quels soins l'Arabe prend-il de ces jeunes animaux au moment de leur naissance ; les prive-t-il du premier lait ?

Le poulain tette-t-il plusieurs mères, ou si une seule jument-nourrice suffit à plusieurs poulains ?

Le petit consomme-t-il tout le lait de sa mère, ou l'Arabe le partage-t-il avec lui ?

Comment et à quelle époque se fait le sevrage ?

Quand le poulain est séparé de sa mère,

l'Arabe continue-t-il à traire la jument, et quel usage fait-il du lait ?

De quoi se compose la nourriture du cheval arabe ; est-elle la même dans toutes les saisons, et à tous les âges ?

Quelle est la ration de chaque sorte d'alimens , et comment sont-ils conservés , préparés ?

Leur associe-t-on quelques substances échauffantes ou condimens ?

La nature des eaux dont s'abreuve le cheval arabe a-t-elle quelque influence sur sa santé ?

Règle-t-on la quantité de la boisson et les heures où on l'abreuve ?

Quelle est la constitution des diverses races de chevaux de ces contrées ?

Ont-ils tous la même sécheresse de formes ; la jument poulinière acquiert-elle un embonpoint remarquable pendant sa gestation ?

Le cheval arabe se couche-t-il en liberté ; reste-t-il constamment scellé ; les heures de repos, de sommeil, de travail sont-elles fixées ?

Les sens sont-ils doués d'une plus grande délicatesse que dans les chevaux d'Europe ; est-il vrai que le cheval arabe obéisse aux moindres sensations ; que doit-on penser de ces merveilles rapportées par les voyageurs ?

Quel est le prix moyen de l'étalon, de la jument kochlani ; celui de la femelle et du mâle kadischi ; le poulain est-il vendu avant l'âge où il est propre au service ?

L'Arabe emploie-t-il les produits que le cheval lui donne avant et après sa mort, tels que les crins, l'ongle, les tendons, les os, etc.; fait-il quelque usage de ses excrémens ?

Quel est l'état de l'hippiatrique en Arabie; est-il exercé par des hommes qui en font leur profession ; sont-ils guidés par des écrits imprimés ou manuscrits; quels sont ces écrits; quels sont leurs titres ; peut-on s'en procurer ?

L'anatomie physiologique et pathologique, fait-elle partie de l'instruction donnée aux hippiatres ?

Règne-t-il des épizooties, des anzooties; ces maladies ont-elles ou non le caractère contagieux ; a-t-on des idées précises sur la contagion et sur la manière dont elle se propage ?

Quelles sont les causes générales, ou particulières, qu'on présume donner lieu à chacune de ces maladies ?

La morve, le farcin sont-ils connus, sont-ils curables; quel est leur traitement ordinaire?

Quelles sont les maladies internes qui affectent le plus ordinairement le cheval arabe?

Quel est leur traitement?

La gourme et la fluxion périodique sont-elles connues; a-t-on quelques exemples de vomissement?

Ces animaux sont-ils exposés aux diverses espèces de vers et aux différens calculs?

Quelles sont les maladies externes qui attaquent le cheval arabe, et quel est leur traitement ordinaire?

Est-il exposé aux hernies, et plus particulièrement à la hernie inguinale?

Dans quelle intention et comment l'Arabe applique-t-il le feu et pratique-t-il la saignée?

On désire un modèle des différens instrumens opératoires.

Enfin, le cheval arabe n'est-il pas exposé à des affections inconnues en Europe et déterminées par le climat, le régime; ou bien n'est-il pas exempt de plusieurs maladies très-répandues dans nos contrées?

Régime du Bœuf employé au Roulage.

Le bœuf, cet animal si utile, si profitable, est bien plus propre aux travaux champêtres qu'aux voyages ; en l'appliquant à un service auquel sa conformation et ses habitudes le disposent très-peu, il est naturel de prévoir que cet emploi de ses forces l'expose à plusieurs maladies qu'on peut, à la faveur d'un régime convenable, si non toujours prévenir, du moins modifier au point d'éviter des pertes considérables : pour atteindre ce but, nous croyons devoir indiquer l'emploi raisonné de toutes les choses dont il use.

Choix du Bœuf employé au Roulage.

Ce choix est une des premières conditions à remplir : toutes les races n'étant pas également propres à ce service, il importe d'indiquer les qualités exigées : corps ramassé, formes étoffées, membres courts, larges et fournis, reins musculeux, poitrail ouvert, épaules larges, col épais et court, fanon prononcé, chignon et nuque amples, cornes luisantes, peau souple, poils lustrés, yeux vifs, tête haute,

démarche facile, mufle humide, taille moyenne,
âge de quatre, cinq à six ans, race de la Bre-
tagne, de l'Auvergne, du Limousin, du Mor-
van, de la Gascogne, où le bœuf est habitué
aux voyages et dont les pieds sont plus durs
et plus propres par cela même à soutenir les
fatigues des routes.

Attelage et Harnais.

C'est encore aujourd'hui une question à résoudre de savoir s'il est préférable d'atteler le
bœuf par les cornes ou par les épaules : tout
ce qu'on a écrit à ce sujet est loin de décider
les hommes sages qui ne règlent leur opinion
que sur des faits positifs ; on croit assez
généralement que le bœuf attelé par les cornes
maîtrise mieux son fardeau dans les pays mon-
tueux ; mais que sa marche est pénible, son
allure embarrassée et son pas ralenti ; c'est sans
doute ce qui explique l'usage presque exclusif
d'atteler ainsi cet animal dans les parties de la
France où se font remarquer de grandes chaînes
de montagnes ; on préfère, au contraire, le
collier dans les pays de plaines, tels que le Bas-
signy, le Palatinat, et beaucoup d'autres con-

trées septentrionales de la France et de l'Allemagne. Sur la rive gauche du Rhin, depuis
Mayence jusqu'à Cologne, le bœuf est attelé
comme le cheval; il traîne son fardeau avec
facilité, sa marche est libre, accélérée, et quand
il serait prouvé qu'il fût un peu moins fort en
tirant par les épaules qu'en poussant avec ses
cornes, je n'accorderais pas moins dans ce cas
la préférence au collier sur le joug, puisque la
facilité et la rapidité de sa marche sont un objet
principal dans le service de roulage, tandis que
la légère différence qui pourrait exister dans
le fardeau traîné par l'autre mode d'attelage
serait de peu d'importance, puisque jamais le
poids n'est porté au point que le bœuf ou le
cheval de trait doive réunir constamment toutes
ses forces pour le subjuguer. J'ai des motifs encore plus forts de préférer le collier au joug;
il est facile à ôter et à mettre, condition importante; l'animal ainsi harnaché se repose
sans embarras dans ses traits, il mange, il boit
sans contrainte, sa station est commode; au
contraire, le joug est long et difficile à fixer,
il exige le concours de deux personnes; composé comme il est de plusieurs parties, il demande de fréquentes réparations, il se desserre

souvent, ses différentes pièces s'égarent, se perdent; le bœuf attelé et en repos est mal à son aise, il est forcé de tenir la tête basse, il ne peut se défendre contre l'attaque de ses nombreux ennemis avec autant d'avantages que lorsqu'il est attelé par les épaules : on ne peut donc refuser la préférence au collier, harnais durable, d'une seule pièce, qu'il suffit d'ouvrir par le bas ou par le haut pour le mettre et l'ôter facilement sans être gêné par les cornes. On peut décider la question avec le dinamomètre, mais il faut éviter de se servir de bœufs habitués à l'un des deux modes d'attelage, puisque l'habitude d'employer ses forces ne manquerait pas de donner un avantage au bœuf, résultat dont on tirerait des conséquences erronées.

Les traits sont en cordes, en chaînes de fer, ou en cuir blanc : on préfère avec raison les derniers ; on les fixe au collier, comme il est d'usage dans les harnais du cheval ; seulement il est inutile de donner autant d'étendue et de poids au collier du bœuf dont la peau dure et peu sensible est très-peu impressionnable à l'action des corps durs : on sait que dans certains pays ce harnais est en bois, et qu'il ne blesse point les épaules. Pour le tirage en avant, le collier suffit ; mais pour retenir la voiture dans les descentes ou maîtriser et diriger son mouvement, il faut un moyen de plus, c'est une sorte de fort licol en cuir qui s'attache aux cornes ou qui embrasse le col et qui s'applique ensuite au bout de la flèche ou du timon : c'est ainsi que sont attelés les chevaux qui conduisent la marée de Dieppe à Paris.

Le bœuf craint les insectes ailés : pour éloigner ceux qui cherchent à pénétrer dans les nazeaux, dans les yeux, on place ordinairement sur le front une peau de blaireau ou un morceau de toile claire qui tombe au niveau du mufle et au pourtour des yeux ; une couverture en laine ou en toile, suivant la saison, suffit pour garantir le corps des impressions du froid et de l'attaque des mouches et autres insectes.

Les bœufs sont conduits à la voix du charretier et sont stimulés par le fouet : on doit défendre de se servir du bâton et de l'aiguillon, espèce de dard dont le conducteur brutal ou maladroit se sert pour châtier le bœuf, et dont la blessure devient souvent dangereuse.

Poids à traîner.

On croit généralement, et avec assez de raison, qu'un bon cheval de trait en voyage fait le travail de deux bœufs ordinaires. D'après cette règle, je pense que le fardeau à donner à deux bœufs est de 1000 à 1200 kilogrammes; une voiture attelée de quatre bœufs porterait, terme moyen, 2000 kilogr. (4000 livres).

Chemin à parcourir.

Lorsqu'il s'agit d'un voyage de long cours, un bœuf ne doit faire que cinq à six lieues par jour, en lui accordant de six jours en six jours une journée de repos ou séjour : en s'écartant de ces principes, il arriverait des accidens, et la fourbure ne tarderait pas à se manifester. Il est des circonstances impérieuses qui ne permettent pas toujours de suivre les règles; dans ce cas, on redouble de soins et de précautions, on enveloppe le pied avec des semelles de vieux chapeaux ou autres substances propres à garantir l'ongle du contact des corps durs : on choisit de préférence les séjours dans les pays à gras pâturages et où les alimens sont en abondance et de bonne qualité.

Si le voyage se fait en hiver, la route est parcourue chaque jour d'une seule traite ; si les chemins sont mauvais, le temps pluvieux, etc., on réduit le chemin dans la proportion même de la fatigue des animaux ; dans la belle saison, au contraire, on peut faire six à sept lieues ; la route est parcourue en deux temps ; on part de très-bonne heure le matin pour s'arrêter à dix heures, époque où la chaleur solaire fatigue ; on continue la route à trois ou quatre heures du soir ; dans ces intervalles et pendant le repos, le bœuf est débarrassé de ses harnais, on le met dans une étable aérée, spacieuse, ou au moins dans un lieu où il soit à l'abri des insectes ailés et des ardeurs du soleil ; pendant l'hiver, on le garantit du froid intense, de la pluie, des courans d'air humide et froid.

Allure.

Le bœuf ne doit jamais aller qu'au pas de campagne ou pas délibéré ; il ne pourrait soutenir quelque temps une allure plus rapide :

dans les mauvais chemins, il est prudent de le tenir au pas lent ou ordinaire ; le fouet est le seul instrument dont on doive se servir pour accélérer la marche de cet animal. Je rejette le dard, ou aiguillon, usité dans le Midi ; il fait des piqûres qui attirent les mouches et provoquent quelquefois la gangrène.

Une attention particulière, c'est d'éviter autant que possible de faire marcher le bœuf sur un terrein dur, rocailleux, ou dans les boues et dans l'eau ; dans le premier cas, l'ongle s'use rapidement, le pied s'enflamme et la fourbure se manifeste ; dans le deuxième, l'ongle se ramollit, le fer se détache et bientôt les corps extérieurs font une impression douloureuse sur les tissus sensibles du pied, cause occasionnelle de plusieurs maladies graves. Nous indiquerons à l'article *Ferrure*, comment on peut prévenir ces sortes d'accidens.

Logemens et Abris.

Le bœuf, n'allant qu'au pas, ne peut arriver bien essoufflé à l'étable ; les précautions indiquées pour le cheval qui arrive de route ne sont donc pas de rigueur : un bouchonnement léger sur le corps et les membres **ne peut** toutefois qu'être utile pour prévenir la lassitude et l'engorgement des pieds.

Il y a deux manières de fixer le bœuf dans l'étable : par les cornes ou par le cou ; je préfère l'attache par les cornes, elle le maintient mieux dans sa place respective, la distribution des alimens est plus facile. On prévient les coups qu'ils se portent lorsqu'ils ont la liberté d'allonger la tête, ce qui a lieu lorsqu'ils sont attachés par le cou au moyen d'un collier ou carcan : une chaîne de fer ou un licol en cuir blanc et des longes composent cette attache.

L'étable doit être aérée, propre, d'une température douce, d'une étendue proportionnée au nombre des animaux à loger. La place ordinaire d'un bœuf est de huit à neuf pieds en longueur sur quatre de largeur ; on ménage de plus un espace de quelques pieds pour passer derrière l'animal. Il n'y a aucun inconvénient à laisser plus d'étendue à chaque bœuf, tandis qu'il y en a un grave à tenir ces animaux trop pressés : les plus grands mangeurs affament leurs voisins. Lorsque les places sont trop restreintes, les animaux se livrent moins à un repos réparateur et indispensable.

l'air s'altère promptement par les gaz non res-
pirables qui s'échappent des divers appareils
de la vie, et bientôt, par ce concours d'influences nuisibles, les fonctions s'altèrent et
les maladies se déclarent.

Les abris suppléent au défaut de logemens :
dans la belle saison, on cherche un lieu om-
bragé, un revers de colline, un bois, une haie,
des allées d'arbres qui éloignent des insectes
ailés et garantissent du poids de la chaleur. Les
mêmes moyens ne sont pas moins utiles dans
la mauvaise saison : les forêts anciennes, les
chemins couverts sont surtout à préférer et deviennent un abri très-utile contre les intempé-
ries de l'air. Lorsque ces circonstances ne s'offrent
point, une couverture de laine, une exposition opposée à la direction du vent, modifient
convenablement les impressions débilitantes
du froid et de la pluie.

Alimens solides et liquides.

Le bœuf est le moins délicat des animaux
herbivores sur le choix de ses alimens; il se
nourrit même des plantes dédaignées par le
cheval, souvent il les recherche par une

sorte de prédilection, ce qui explique comment il bonifie les prairies destinées à la nourriture de ce dernier. Le bœuf présente aussi quelques différences notables dans sa manière de vivre ; il ne jouit jamais d'une meilleure santé que lorsqu'il est soumis au régime vert, n'importe à quelle époque de sa vie. Dans l'instruction sur le *Régime vert*, nous avons fait remarquer, au contraire, que cette nourriture diminuait sensiblement l'énergie du cheval, et que, dans quelques cas, elle le disposait à certaines maladies, tandis que le bœuf de travail, soumis au régime vert, n'en est que plus robuste : un mélange d'alimens secs et verts forme un régime très-convenable et très-propre à la conservation de la santé. Parmi les substances condimentales, on distingue le sel ordinaire ou muriate de soude ; on apprécie chaque jour ses bons effets sur le bœuf et le mouton, dont les maladies un peu graves sont presque constamment compliquées d'un dérangement notable des fonctions digestives : le sel est très-propre à prévenir ce trouble, et on ne peut trop insister sur son usage.

Alimens secs.

Le bœuf se nourrit de toutes les substances alimentaires destinées au cheval ; les diverses sortes de pailles et leurs balles inusitées pour le cheval, le foin des prairies artificielles et naturelles, les bisailles, les fèves, les féverolles, les tiges de maïs, les graines de céréales, de légumineuses, telles que l'orge, l'avoine, le blé, le seigle, le maïs, les pois, les lentilles, les fèves, les vesces, le lupin, etc., lui sont donnés à la même dose.

Ration du Bœuf pendant vingt-quatre heures.

Paille, dix-neuf à vingt kilogr.
Foin, cinq à six kilogr.
Avoine, six à huit litres.
Sel ordinaire, ou muriate de soude, une once.

Alimens verts.

Le bœuf préfère paître en liberté sur les prairies ; mais le régime du bœuf employé au roulage ne peut admettre cette pratique, qui aurait des inconvéniens graves dont les moindres seraient une grande perte de temps et la

crainte de voir les animaux se répandre dans
des luzernes, des trèfles, d'où pourrait naître
la matéorisation : il est donc préférable, dans
ce cas, de faucher l'herbe. On pourrait pourtant fixer le bœuf dans le pré au moyen d'une
corde, d'un pivot. Le vert doit être recueilli
après la rosée ; il est dangereux de le donner
lorsqu'il a fermenté. (Voyez le *Régime vert.*)

La quantité d'herbes à donner, dans vingt-
quatre heures, varie suivant la qualité et la
nature des plantes ; terme moyen, un bœuf de
taille ordinaire ne mange pas moins de trente
à quarante kilogrammes de vert, soit de prés,
soit de prairies artificielles.

Les résidus de brasserie, de cidrerie, d'huilerie, de bran-de-vinerie, de distillerie, etc.,
les racines pivotantes, les carottes, les panais,
les navets, le rutabaga, les betteraves, les racines tubéreuses, la pomme de terre, le topinambour, les plantes potagères, les choux,
les chicorées, sont des alimens très-recherchés
par le bœuf et qui peuvent se donner utilement pour modifier les effets souvent fâcheux
d'une nourriture sèche. Toutes ces racines
doivent être coupées ou hachées ; on peut
mélanger chacune de ces substances séparément

à la dose de cinq à six kilogrammes pour vingt-quatre heures , ayant la précaution de diminuer , dans une égale proportion , la quantité d'alimens secs , pour que la ration reste toujours à peu près la même.

Dans certains cas , le bœuf se nourrit également avec les rameaux d'arbres verts ou secs qu'on nomme *feuillards* ; il faut éviter toutefois d'employer les rameaux d'arbres dont le suc est âcre et vénéneux , les lauriers cerise et amande, l'if. Il n'est pas moins important d'annoncer que les feuilles de frênes, quelquefois celles de lilas où viennent se fixer des cantharides , ne doivent pas être comprises dans ces feuillards , à cause des principes vésicans dus à la présence de ces insectes nuisibles. Il est également nécessaire de ne pas user de plantes placées sous ces arbres lorsqu'ils logent ces insectes; l'eau des abreuvoirs ou des marres bordées de ces frênes est également dangereuse sous ce rapport : les pousses de jeunes chênes, les feuillards d'arbres résineux sont également nuisibles.

Boissons.

L'eau forme exclusivement la boisson du bœuf : la quantité de ce liquide, bue pendant vingt-quatre heures, varie suivant le climat, la température, le travail, la nourriture et le tempérament ; terme moyen, on peut estimer à vingt ou vingt-quatre litres le volume du liquide pris dans une journée par un bœuf de taille ordinaire soumis à un régime régulier.

Les règles à suivre pour satisfaire la soif du bœuf, sans nuire à sa santé, sont : 1° qu'il ne boive pas lorsqu'il a chaud ou qu'il est essoufflé, surtout si l'eau est froide ; 2° qu'en général, on ne l'abreuve qu'à moitié ou à la fin du repas, et trois fois par jour ; 3° qu'on ne lui permette pas d'en boire une grande quantité d'un seul trait ; 4° que l'eau, enfin, soit bonne et potable. Je ne crois pas utile d'insister sur le danger de laisser boire le bœuf essoufflé, surtout si l'eau est froide.

La diminution subite de la température, surtout du poumon et de l'arrière-bouche, amène les arrêts de perspiration pulmonaire, et de là des affections très-graves de la poitrine et de la gorge. Je dis qu'il est préférable d'abreuver l'animal à la moitié ou à la fin du repas ; en effet, l'eau, avant la plénitude des estomacs, nuit à une bonne digestion et diminue l'appétit en dissolvant, en délayant le suc gastrique, au lieu qu'à moitié ou à la fin du repas, elle favorise la conversion des alimens en pâte chimeuse ; une trop grande quantité d'eau diminue l'action du suc gastrique et des estomacs ; enfin, l'eau qui n'est pas potable dérange les fonctions digestives et cause des maladies.

La bonne eau est claire, battue, aérée, limpide, légère, inodore, sans saveur particulière, sa température est en rapport avec celle de l'atmosphère : elle cuit bien les légumes et dissout bien le savon.

La mauvaise eau est trouble, décomposée, froide, pesante, elle a une saveur et une odeur plus ou moins fortes ; elle contient ou des sels neutres ou le carbonate et le sulfate de chaux (*sélénite*), de la boue, et quelquefois des sels métalliques plus ou moins nuisibles ; elle tient aussi en suspension des matières végétales et animales altérées, putréfiées ; lorsqu'elle est chaude, elle affaiblit les estomacs et provoque la soif au lieu de l'appaiser.

Il faut éviter de faire boire de ces eaux, ou bien, si on ne peut s'en dispenser, il faut les épurer ou en modifier autant que possible les mauvais effets par des procédés faciles ; l'aération, l'agitation de l'eau, son exposition au soleil, son mélange avec du son, de la farine, lui font perdre ses propriétés nuisibles, lorsqu'elle est froide et chargée de sélénité, telle que l'eau des puits et de source.

Le filtre à travers le charbon, le sable, les terres calcaires, lui font perdre ses principes étrangers et la rendent assez potable.

Lorsqu'elle tient en suspension ou en dissolution des principes nuisibles, il ne faut pas en faire usage. Quelques bœufs préfèrent les eaux de fumiers, les eaux de mares à la bonne eau ; c'est une habitude acquise qui dirige dans ce cas ces animaux, elle n'a aucun inconvénient si la mare est profonde, si l'eau n'est pas putréfiée.

On charge souvent l'eau de principes nourrissans obtenus du son et de la farine : c'est un procédé qui rend les eaux plus potables.

Ferrage.

Chaque pied du bœuf se termine par deux doigts ou onglons dont la corne est assez mince et molle ; cette disposition rend la ferrure plus difficile et moins durable dans cet animal : de là la nécessité de prendre plus de précautions et d'avoir des ouvriers plus habiles et plus exercés à cette pratique. On distingue, sous ce rapport, les maréchaux des départemens du midi de la France : c'est un moyen d'éviter de grandes pertes. Pour faire un traité complet sur la ferrure du bœuf, il faudrait sortir des bornes de cette instruction ; je me contenterai donc d'indiquer les dispositions essentielles.

On a deux méthodes de ferrer le bœuf, ou le fer embrasse les deux onglons, ou bien on met un fer à chacun de ces doigts ou onglons : je préfère le dernier mode de ferrure et je rejette la première de ces méthodes pour les motifs suivans : Un seul fer réunit les deux doigts et en empêche les mouvemens, ce qui est contraire à l'organisation du pied de cet animal ; ce fer, d'une seule pièce, permet aux corps étrangers, à la terre durcie, aux cailloux, etc., de se loger entre la sole et le fer, ou dans la bifurcation des onglons, et provoque bientôt des accidens, des contusions, des ulcères et souvent la fourbure : cette ferrure est moins solide, et l'ajusture rarement bien faite.

Au contraire, un fer appliqué à chaque doigt ou onglon en recouvre mieux la surface inférieure, il laisse les mouvemens libres de chaque doigt, et, comme à son bord interne il est pourvu d'un pinçon flexible qui embrasse la paroi antérieure du pied de dedans en dehors, il consolide la ferrure. Ce fer, ainsi pourvu de son pinçon flexible, est d'une épaisseur moyenne et étampé, maigre à son bord externe ; les étampures doivent être également distribuées, si le pied est bon ; il est bien ajusté, les clous qui le fixent sont minces et bien affilés pour ne pas pénétrer dans les feuillets de l'ongle ; il est dangereux de l'appliquer trop chaud sur le pied, à cause du peu d'épaisseur de la sole et de la paroi, autrement on court les risques de brûler l'ongle ; avec ces précautions, on garantit beaucoup d'accidens et on assure le service durable du bœuf. La corne du pied du bœuf est moins solide, moins

épaisse, le fer s'arrache donc plus facilement,
et aussitôt l'animal boîte ; avec des soins, on
peut cependant prévenir et même remédier à
ces graves inconvéniens. Tous les matins, au
départ et à chaque halte, le conducteur doit
lever les pieds de ses bœufs et s'assurer si le
fer tient bien, s'il ne manque pas quelques
clous : cette utile attention prévient toujours la
perte du fer et la claudication du bœuf. Si,
malgré ce soin, un bœuf se déferre, une bottine doit être de suite appliquée au pied ; cette
bottine, ce chausson ou cette espèce de fer à
tout pied peut être faite de plusieurs manières
et avec différentes substances : il importe que
chaque voiture ait deux ou au moins une de
ces bottines, qu'on laisse jusqu'à l'arrivée.
Cette sage précaution empêche l'ongle de
s'user et de se dérober, elle rend possible et
facile l'application d'un nouveau fer : l'oubli
de ces moyens rendra infailliblement le bœuf
boiteux et bientôt hors de service.

Maladies.

Les affections les plus ordinaires au bœuf
qui voyage, sont toutes les maladies du pied :

la piqûre, l'enclouure, la retraite, les clous de rue, les chicots, la sole battue, brûlée, suppurée, les blémies, le pied dérobé, la chute de l'onglon, la crapaudine ou ulcère à la couronne, la fourbure d'un ou de plusieurs onglons, etc., les coups de cornes, les contusions, les tumeurs, les plaies produites par les harnais ou par les mauvais traitemens des charretiers, les luxations, les fractures, la chute des cornes, les éventrations, la galle, les aphtes, les indigestions, le pissement de sang, les coliques, le charbon, la fièvre charbonneuse, les affections de poitrine, inflammatoires, catharalles, gangreneuses (ces dernières sont souvent contagieuses), la phtisie ou pommelière. Cette simple énumération suffit pour prouver que les bornes de ce travail n'admettent point un traité complet de ces maladies.

Recherches sur la Morve et le Farcin, avec un Projet d'expériences.

En septembre 1790, le nommé Cuif, écarisseur de l'Ecole, arrête sur le pont de Charenton un roulier de Reims dont l'équipage est composé de six chevaux ; un des six est reconnu morveux au dernier degré , il est abattu publiquement devant les élèves , la morve est constatée par l'ouverture de l'animal ; le roulier avoue que son cheval jette depuis quatre mois , que le vétérinaire de Reims l'avait condamné à cette époque ; il regrette d'avoir rencontré l'écarisseur ; jusqu'alors il avait évité la saisie de son cheval , qu'il regardait comme le plus fort de son équipage ; il traversait le soir et le matin les villes placées sur sa route, il essuyait fréquemment et avec soin le nez de cet animal ; c'est par ces moyens, de son propre aveu , qu'il l'avait jusqu'alors soustrait aux yeux de la police.

Les cinq autres chevaux qui ont travaillé et cohabité pendant quatre mois avec celui-ci sont soumis à un examen scrupuleux , aucun ne présente le moindre signe de morve , ils n'en sont pas moins regardés comme suspects, et la police du lieu ordonne que pendant quatre mois , à chaque voyage du roulier , ils seront visités à Alfort ; leur signalement est pris , et, au bout de cinq mois, il reste constant qu'ils n'offrent aucune disposition à cette maladie.

En janvier 1789, M. Dupuy, cultivateur à Breteuil, avait vendu des avoines livrables à Paris dans le mois ; pour remplir les conditions de ce traité, il employa à ce transport un de ses attelages composé de quatre chevaux : les fatigues d'un tel voyage souvent répété, les mauvais chemins, les froids très-intenses déterminèrent bientôt la morve dans cet équipage ; on le garda plus de six mois dans la même écurie habitée par huit autres chevaux sains, sans que la maladie se soit propagée sur aucun de ces derniers ; il faut noter que l'écurie était peu espacée et presque point aérée, que les chevax sains ont été conservés, au moins trois ans après cette cohabitation, et que quatre poulains de dix-huit mois qui divaguaient pendant les heures du travail pour manger les restans de fourrages dans cette écurie, et qui, par suite, ont remplacé ces quatre chevaux morveux abattus, sont également restés sains pendant la suite d'années que M. Dupuy les a employés à la culture.

En mars 1792, le sixième régiment de cavalerie remplace à Cambrai le septième régiment de la même arme parti la veille ; les deux premières compagnies occupent le quartier qui sert, depuis trois mois, d'infirmerie à un nombre considérable de chevaux morveux du septième régiment ; le colonel du sixième en est instruit, mais la ville, encombrée de troupes, ne permet aucun changement, et ce n'est que le huitième jour de cette communication médiate que le régiment est envoyé à Cantein, à une lieue de la ville ; aucun moyen de désuéfection n'est employé, cependant la morve ne se manifeste point pendant les deux campagnes suivantes, au grand étonnement des officiers et du vétérinaire.

En septembre 1794, l'armée française, en entrant dans Cologne, fut témoin d'un fait qui attira fortement l'attention de Godine jeune ; il obtint la preuve positive que le baron de Sind, pour donner plus de célébrité à son fameux spécifique, établissait, depuis plus de douze ans, dans les écuries de l'Electeur, une communication intime par contact immédiat des chevaux sains avec des morveux, sans que la contagion se fût jamais manifestée sur les premiers : cette épreuve authentique ébranla la confiance que Godine jeune partageait avec tous les vétérinaires sur les propriétés contagieuses de la morve ; il résolut de se li-

vrer dès-lors à des expériences sur cette maladie ; car la poudre du baron de Sind ne lui
paraissait pas être un spécifique capable d'arrêter et de détruire les effets de la contagion,
si elle existait ; il proposa ses doutes au général
Radet, dans un mémoire qui fut remis au
général en chef, le maréchal Jourdan. Godine
fut autorisé à mettre en communication parfaite dix chevaux de réforme avec deux chevaux morveux pendant deux mois ; le temps
de l'épreuve expiré, les douze chevaux furent
envoyés au dépôt du régiment à Beauvais, et
recommandés spécialement au chef de ce dépôt, qui les a gardés dix-huit mois sans que la
morve se soit manifestée dans aucun : ils ont
été vendus ensuite à des cultivateurs. Dès-lors
les idées de Godine jeune furent fixées sur le
véritable caractère de la morve ; il ne fit plus
brûler les selles, et autres pièces de l'équi-
pement des chevaux du sixième régiment de
cavalerie, pendant les trois dernières campagnes, et cependant aucun corps n'a fait moins
de pertes en chevaux morveux, pendant ces
trois années que Godine jeune y a exercé les
fonctions de vétérinaire en chef.

Rassuré par ces expériences, Godine qui,

à la même époque, vivait en communauté
avec le chirurgien-major (M. Bégon), monta
un domestique allemand avec un cheval morveux qui cohabita avec ceux du docteur et le
sien pendant plusieurs mois, c'est-à-dire, jusqu'au moment où ce domestique disparut avec
son cheval dans une retraite, cependant les
trois chevaux n'ont jamais offert la moindre
trace de cette communication.

En 1798, Godine jeune est appelé à l'École
d'Alfort pour y remplir les fonctions de con-
servateur ; il s'empresse de soumettre son opinion à ses savans maîtres, MM. Chabert, Flandrin, Gilbert : on lui donne les moyens de faire
à Alfort une autre expérience. Six cents chevaux morveux tirés des armées occupaient et
les écuries et le parc de l'établissement ; Godine achète deux jumens bretonnes et les place
avec un cheval bien reconnu morveux dans une
loge de la ménagerie de l'Ecole ; des injections de
mucus morveux sont faites tous les jours dans
les nazeaux des deux jumens ; la même étrille,
la même couverture servent successivement
aux trois animaux et la morve ne se manifeste point ; au bout de trois mois, Godine,
pour éviter des frais de nourriture, envoie ces

deux jumens à son père, qui les a employées à la culture plusieurs années, sans qu'elles aient offert le plus léger signe de morve.

En 1799 et 1800, cette épreuve fixe l'attention de l'Ecole d'Alfort; M. Chabert ordonne aux professeurs Chaumontel et Fromage de se livrer à des expériences sur la morve et le farcin; plusieurs chevaux sains sont inoculés, soit avec de la matière farcineuse, soit avec du mucus obtenu d'un cheval morveux (souris) que sa maladie bien déclarée n'a pas empêché de vivre treize ans à l'Ecole, en faisant le service de la pompe; ces essais décisifs ont le même résultat que les expériences précitées, et M. Chabert, convaincu, abjure son ancienne opinion. (*Voyez* son Traité de la Morve, imprimé par ordre du Gouvernement en 1785, in-8°, Paris.) Dans un nouveau Traité de cette maladie, qu'il insère dans le supplément du Dictionnaire de Rosier, article *Morve*, douzième volume, page 282, il consacre la non propriété contagieuse de la morve et du farcin, et cite des faits importans pour motiver son opinion.

En juin 1800, M. Chabert est appelé par le maître de poste de Ville-Juif, pour combattre la morve qui exerce de grands ravages dans ses écuries depuis plusieurs années ; Godine jeune accompagne M. Chabert, qui, ne croyant plus à la contagion, observe avec soin les localités ; une écurie vaste, qui n'offre qu'une seule porte d'entrée, un jardin appuyé au Midi contre le mur de façade et s'élevant de deux mètres au-dessus du sol de l'écurie, le bâtiment, les auges, les rateliers pénétrés d'humidité dans cette saison chaude, une cour malpropre, étroite, des fumiers accumulés près de la porte d'entrée, les licols, les harnais couverts de moisissures, et que les postillons déclarent ne durer que très-peu de temps, tel est le tableau qui s'offre à M. Chabert : son opinion est bientôt fixée sur la véritable cause de la morve ; il ordonne de pratiquer de vastes courans d'air dans cette habitation, il trace la profondeur et l'étendue d'un fossé suffisant pour écouler les eaux et l'humidité des terres du jardin ; la cour est nettoyée, un régime convenable est fixé, et, sans aucun autre moyen de préservation ni de désinfection, la morve a cessé ses ravages chez ce maître de poste.

En 1806, le général Kociusko communique

à Godine jeune un fait non moins important :
Dans l'avant dernière campagne des Polonais
contre les Puissances réunies du Nord, on
rend compte à ce général des ravages que la
morve exerce sur les chevaux d'artillerie de
son armée ; on lui déclare que cinq-cents,
reconnus morveux, vont propager la contagion et que leur sacrifice est indispensable à la
conservation de ceux qui sont restés sains jusqu'à cette époque : mais le temps nécessaire
pour remplacer ces chevaux sacrifiés, mais le
mauvais état de la caisse de l'armée sont des
motifs puissans qui lui font rejeter cette mesure ; il s'assure que ces chevaux morveux peuvent continuer leur service et s'écrie (nouvel
Alexandre) : « Si les Polonais sont vainqueurs,
« ils trouveront les moyens de remonter leur
« artillerie ; s'ils sont vaincus, que leur im-
« porte de laisser des chevaux morveux à
« leurs ennemis ! »

Cette campagne ne fut pas décisive : le général Kociusko apprit avec plaisir, et non sans
surprise, dans des revues de son armée, que
les chevaux morveux de son artillerie n'avaient
point propagé la morve, qu'elle se bornait
toujours aux premiers animaux attaqués.

En octobre 1813, M. Moutonnet, artiste vétérinaire distingué, à Bourneville, près la Ferté-Millon, nous a fourni des détails importans sur deux expériences qui lui sont personnelles : chargé de la direction du haras du général Harville, il a fait couvrir une jument saine par un étalon morveux ; la jument et sa production, conservées pendant quatre ans, n'ont offert aucune disposition à la morve : non content de ce premier résultat (M. Moutonnet cherchait à déterminer si cette maladie est héréditaire), il a fait une contre-épreuve plus décisive encore ; une jument morveuse, couverte par le même étalon, a donné une production superbe, qui a été allaitée par sa mère, nourrie ensuite avec elle, et conservée pendant cinq années sans aucun germe apparent de morve.

Dans l'été de 1809, Godine, en visitant les domaines de M. le duc d'Otrante, s'assura que le fermier actuel des amiraux, près Pont-Carré, conservait, comme la voix publique l'annonçait, depuis deux ans, dans son écurie, deux chevaux morveux au dernier degré, sans que la maladie se fût propagée sur les neuf autres chevaux, en constante communication

avec les premiers ; il faut même observer que
ces trois chevaux morveux ne formaient pas
le même attelage, mais qu'ils étaient distri-
bués parmi les autres animaux sains, ce qui
établissait un contact immédiat. Cependant, à
l'heure même où nous réunissons ces diverses
observations, nous avons la certitude que les
neuf autres chevaux de ce cultivateur sont parfaitement sains.

Nous avons lu les divers auteurs anciens et modernes, nationaux et étrangers
qui ont écrit sur la morve, aucun ne paraît
avoir cherché à déterminer, par des expériences concluantes, les propriétés contagieuses
de la morve : nous en exceptons le célèbre
Camper, dont l'opinion doit être d'un grand
poids dans l'état actuel de la question. Voici
comment il s'exprime dans une lettre insérée
dans les Mémoires de la Société royale d'Agriculture de Paris, année 1789, trimestre d'été :
« Nous nous servons avec succès de l'arsenic
« contre la galle. Les expériences que j'ai faites
« sur la véritable morve des chevaux, m'ont
« confirmé qu'elle n'est pas contagieuse, mais
« incurable. »
Ce passage de l'habile chirurgien, du savant

physiologiste de la Frise hollandaise, mérite bien de fixer l'attention : nous ne le connaissons que depuis un an ; peut-on supposer que Camper aurait exprimé son opinion sur la morve d'une manière si positive, si des faits exacts et vérifiés ne l'avaient confirmée : un observateur si profond, et qui avait fait tant d'expériences sur les autres maladies contagieuses des animaux, n'aurait pas prononcé légèrement une telle sentence.

MM. Morand et Tenon, dans un Rapport à l'Académie royale des Sciences, du 24 juillet 1761, disent, au sujet de l'opinion d'Aristote sur l'influence du froid sur l'âne : « Effective- « ment, une des causes les plus fréquentes de « la morve des chevaux, encore aujourd'hui, « est le froid. »

Les mêmes rapporteurs, en relatant les altérations de la membrane nasale d'un cheval morveux, remarquent qu'elle était couverte de beaucoup de grains, comme glanduleux, vers l'os ethmoïde.

M. Malouin, dans une Dissertation sur la morve, insérée dans les Mémoires de l'Académie, 1er avril 1761, s'exprime ainsi : « Nous « avons presque toujours trouvé aussi des

« poumons malades, et plus ou moins garnis
« de tubercules et de petits abcès remplis de
« la matière de la morve. »

Nous insistons beaucoup sur l'opinion de
Camper et de M. Malouin : le premier, parce
qu'il a la gloire d'avoir reconnu le véritable
caractère de la morve ; et le second, parce
qu'il établit les premières preuves d'identité de cette maladie avec une affection très-
connue et très-grave dans l'espèce humaine.
Deux cents ouvertures de cadavres de chevaux
morveux, nous prouvent que l'un et l'autre
de ces médecins étaient sur le chemin de la
vérité. Nous nous proposons d'établir nos
preuves dans la suite ; mais ce qu'il importe
aujourd'hui, c'est de connaître si cette maladie
est ou n'est pas contagieuse.

Nous ne connaissons aucun Traité sur la
morve qui fasse mention d'un des faits les plus
singuliers de cette maladie : de nombreuses
observations nous ont appris que sur cent chevaux morveux, il y en a quatre-vingts qui
jettent par la narine gauche ; ce fait d'observation est d'autant plus certain, que le cheval
est sacrifié avant les dernières périodes de la
maladie.

Une autre observation également importante et également oubliée dans les auteurs, c'est qu'à l'ouverture des cavités nasales, les ulcères sont souvent isolés, et que la portion de la membrane qui se trouve entre ces ulcères est intègre.

Comment concevoir que, dans une maladie contagieuse, le virus reste cantonné dans une seule narine, dans un seul point de la membrane, et que l'autre côté ou les autres portions de cette membrane soient intacts. Les miasmes contagieux n'ont-ils pas la propriété funeste d'agir sur toute l'économie et d'envahir successivement les tissus analogues? Si la transmission du virus se fait par l'inspiration ou par les voies de l'absorption, pourquoi les deux naseaux ne sont-ils pas frappés de son action ?

Nous n'avons cité ici que les faits les plus authentiques, que les expériences les plus démonstratives, toujours convaincus que le Gouvernement doit éclairer le public et juger lui-même la question, en ordonnant des expériences solennelles qui détruisent tous les préjugés, qui subjuguent toutes les opinions :

c'est dans cet esprit que nous proposons le projet suivant d'expériences, que de longues méditations nous font considérer comme propre à lever tous les doutes, comme capable de répondre à toutes les objections solides. Si nous voulions convaincre, nous ajouterions à cet exposé beaucoup d'autres faits parvenu à notre connaissance, nous pourrions comparer les faits disparates des auteurs sur la contagion de la morve, nous examinerions en détail le champ des hypothèses dans lequel ils se sont égarés ; nous verrions les nombreux auteurs allemands copier les Traités français ; et, pour déguiser le plagiat, exagérer les prétendus effets contagieux, nous citerions Lafosse, qui déclare que des coups de pied, des injections irritantes sur la membrane nasale suffisent pour établir la morve ; Vitet, qui ne voit de préservation que dans la mort des animaux qui ont été mis en contact avec les morveux , et qui déclare que deux chevaux ont été préservés de la morve en frottant leurs naseaux avec de l'huile essentielle de térébenthine ; nous verrions les vétérinaires qui ont traité de cette maladie en trouver les causes dans des fatigues outrées, dans l'usage d'ali-

mens vasés, poudreux, etc., après avoir dé-
claré préalablement que cette maladie est contagieuse ; nous verrions Frenzel, Pilger, Vi-
borg, Wolstein, Schréber, Sander, Clark,
Kersting, Kruger, etc., enchérir sur les auteurs français et anglais, et sortir du vraisem-
blable. Pilger déclare que la morve est si contagieuse, si caustique, qu'un étalon morveux
qui couvre une jument saine lui communique
la maladie par le mucus mis en contact sur
une partie quelconque de la peau, sur laquelle
il développe une infinité de pustules ou ulcères : le même auteur confond la morve avec
le catarrhe des moutons exposés à l'air humide
et froid ; il assure que le cheval morveux, mais
non farcineux, communique le farcin à un
autre cheval, etc., etc.

Est-ce sur de telles autorités qu'un observateur doit juger de la contagion de la morve ;
le doute n'est-il pas permis en voyant que, dans
ces auteurs, des maladies essentiellement différentes sont confondues ? N'est-il pas permis
de douter en voyant que les hommes qui ont
le plus écrit sur cette maladie, en ont tellement exagéré les faits, que même les partisans
actuels de la contagion sont forcés d'en con-

venir, ou qu'un des auteurs les plus recommandables, M. Chabert, après avoir traité de cette maladie et avoir proclamé, en 1785, ses propriétés contagieuses, a reconnu, en 1802 et 1803, l'erreur dans laquelle il avait été entraîné ?

Si nous voulions mieux établir encore ces doutes, nous nous livrerions à des recherches sur la marche de la morve, nous la comparerions à toutes les maladies contagieuses connues, et nous démontrerions, jusqu'à l'évidence, que le génie, le développement de la morve et du farcin les distinguent de toutes ces affections ; mais que ces maladies ressemblent parfaitement aux épizooties et enzooties non contagieuses, qu'un mauvais régime, qu'une constitution atmosphérique nuisible, qu'enfin, une cause commune, font développer dans plusieurs animaux placés dans les mêmes conditions, et que c'est là la source de l'erreur des divers écrits qui ont traité de cette matière ; c'est par l'explication de ces causes qu'on verrait pourquoi les chevaux du Nord sont, toutes choses égales d'ailleurs, plus exposés à la morve et au farcin, que les chevaux du Midi ; pourquoi telles races vigoureuses et d'une constitution solide sont exemptes, assez généralement, de ces affections, tandis que les races faibles, abâtardies et nées sur un sol humide et froid, en sont les victimes ordinaires.

Personne ne niera que la morve et le farcin se manifestent essentiellement dans les chevaux de guerre, de poste, de messagerie, de rivière, de roulage et des grandes villes. Jetons un coup d'œil rapide sur le régime de ces divers services : Sera-t-on surpris si le cheval de guerre devient morveux et farcineux ? Epuisé de fatigue, mal nourri, débilité par la castration, souvent mal choisi dans les remontes, exposé brusquement à toutes les vicissitudes, à toutes les influences de l'atmosphère, quelle force, quelle constitution est à l'abri de tous ces changemens funestes ? Comment résister, surtout dans les premiers temps d'un service si pénible, à tant de privations, à tant d'influences nuisibles ? Eh ! l'on s'étonne que des animaux placés dans ces circonstances soient atteints de maladies épizootiques ! On doit bien plutôt admirer les ressources immenses de la vie, qui en garantissent un certain nombre.

Les chevaux de poste, de messagerie, de rivière sont placés dans des conditions assez semblables à celles du cheval de guerre : couverts de sueur, écrasés de fatigue, exposés, par la nature du travail, à de fréquens arrêts de transpiration, mal pansés, souvent maltraités, saignés à contre-temps, logés dans des écuries humides, froides, malpropres, poussés à outrance par des postillons ivrognes, tel est leur régime; il faut cependant convenir qu'en général ils sont bien nourris et que l'aliment, s'il était toujours distribué à des heures opportunes, remplirait les conditions exigées.

Les chevaux de roulage paraissent moins à plaindre au premier coup d'œil, cependant leur service ne laisse pas d'être pénible et de les exposer à plusieurs chances maladives. Les rouliers ont un intérêt à conduire un chargement considérable : sur une route bien tenue, l'équipage est dans les conditions de la santé, mais s'il faut sortir d'un chemin défoncé, s'il faut gravir ou descendre une montagne, c'est par des efforts inouis, c'est par le corps inondé de sueurs, que la difficulté est vaincue : les chevaux qui sont dans cet état sont ordinairement arrêtés au haut de la montagne, afin que leur conducteur respire et boive, tant pis pour ces pauvres animaux si l'air est froid, si la pluie tombe : ils sont, dit le roulier, habitués à tout cela !....

Les chevaux de voitures dans les grandes villes ne sont souvent pas mieux traités : conduits rapidement, arrêtés brusquement à l'air libre, exposés à toutes les injures du temps, ou rentrés couverts de sueur dans une écurie humide, les fonctions de la peau et du poumon sont souvent dérangées et suspendues ; leur position est plus fâcheuse si l'aliment est de mauvaise qualité et si le cocher s'approprie une partie de la ration.

Voilà cependant quels sont les chevaux qui sont atteints le plus ordinairement de la morve et du farcin, et on cherche, pour en expliquer la cause, un effet contagieux ! Nous sommes affligés de le dire, ces idées donnent la mesure des progrès de la médecine vétérinaire, et montrent qu'elle est encore engagée, sous plusieurs rapports, dans l'ornière de la routine et des préjugés : c'est à l'observation, à l'expérience, à la retirer de cette route obscure et tortueuse qui ne peut que consacrer les erreurs.

On appelle maladie contagieuse celle qui a la propriété de s'inoculer par contact d'un individu malade à un individu sain, et de s'y reproduire avec son caractère particulier, sans avoir égard à la force ou à la faiblesse des individus placés dans ce foyer contagieux. Pour rendre cette définition plus rigoureuse, prenons un exemple dans une des maladies dont le génie infectant est bien reconnu, tels que le claveau, la galle, le charbon, la peste, la rage, etc.

Un mouton claveleux est introduit dans un troupeau sain : sans la présence de cet individu contagieux, nul doute que la santé de ce troupeau ne serait point dérangée, nul doute que sans un contact médiat ou immédiat, soit par une insertion de virus claveleux, soit par cohabitation, cet état de santé persisterait ; cependant un atôme de virus claveleux déposé sur la peau de chaque mouton sain, ou la communication de chacun de ces individus avec celui infecté, suffisent pour développer la même maladie : ce développement sera rapide, ou plus ou moins ralenti, suivant le mode d'infection : rapide, si, par une inoculation générale, la matière contagieuse a été déposée en même temps sur tous les individus sains ; alors, dans huit jours au plus, tous les animaux aptes à cette contagion seront infectés (les quatre cinquièmes d'un troupeau sain sont sûrs d'être affectés par ce moyen). Le développement sera ralenti, si la contagion est abandonnée à elle-même ; alors le claveau se manifestera successivement sur tous les individus qui seront mis en contact médiat ou immédiat avec les claveleux, et pourra se prolonger trois, quatre, cinq et six mois : la maladie deviendra d'autant plus meurtrière, que les animaux infectés seront plus faibles.

Tels sont la marche et le caractère de toutes les maladies contagieuses ; elles s'étendent de proche en proche, et ne s'arrêtent que faute de nouvelles victimes.

Voyons maintenant si le farcin et la morve nous présentent ce type caractéristique de la contagion. Où sont les faits, les expériences qui prouvent qu'un cheval sain, robuste, soumis à un bon régime, deviendra morveux ou farcineux, par cela seul qu'il est mis en contact avec un autre animal de son espèce, affecté de l'une ou de l'autre de ces maladies ? Où sont les faits qui prouvent que la contagion attaquera successivement tous les chevaux qui communiqueront avec ces premiers ? S'il en était ainsi, quel serait le lieu exempt de cette contagion ; quels seraient le camp, le quartier, l'écurie, l'auberge, qui ne recéleraient pas ce virus ou ces miasmes ? les écoles vétérinaires ne seraient-elles pas des sources inépuisables de cette infection ; tous les chevaux qu'on y conduit, n'y puiseraient-ils pas ce levain funeste ? Nous avons vu à Alfort, en 1796, 1797, 1798, jusqu'à six cents chevaux morveux, occuper toutes les écuries et même le parc de cet établissement ; nous y voyons tous les jours des chevaux farcineux, morveux, placés avec des chevaux sains, cependant rien n'annonce la propagation de ces prétendus miasmes. Le haras d'Alfort occupe, depuis huit ans, les écuries habitées auparavant par des morveux, des farcineux : la contagion s'y est-elle manifestée ?

Comment combattre ces propositions fortifiées par les faits et les observations relatées à la tête de ce Mémoire ? On répondra sans doute que tel quartier de cavalerie a toujours des chevaux morveux, que tel relai de poste, de messagerie est dans le même cas, et que c'est une preuve de contagion.... Mais, pourquoi ne pas dire aussi que les fièvres épidémiques qui règnent dans les marais de la Hollande, de la Romanie, du Mantouan, etc., que la pourriture qui se manifeste dans tous les troupeaux mal nourris pendant les constitutions pluvieuses des hivers, que le farcin qui attaque presque tous les chevaux de rivière, que les catarrhes qui naissent dans les temps humides et froids, que la pommelière ou phthisie pulmonaire qui est si répandue dans l'espèce bovine, sont aussi des maladies contagieuses? Cette réponse serait aussi solide que celle sur la contagion de la morve.

Osons dire la vérité : la vétérinaire ressemble, sous bien des rapports, à la médecine du seizième siècle, le règne de la métaphysique. Le plus grand nombre de ceux qui ont écrit jusqu'à présent, a plus discouru, plus compilé, qu'il n'a observé, qu'il n'a expérimenté : c'est à l'expérience, c'est à l'observation qu'il appartient de prononcer sur cette grande question; quant à nous, dégagés de tout esprit de système, prêts à faire l'abandon de nos idées, si les faits les infirment, nous ne cherchons que la vérité : c'est dans ces vues que nous présentons les bases suivantes du plan d'expériences qui doivent juger en dernier ressort cette question, la plus importante de la médecine vétérinaire. Nous croyons devoir rappeler que les Annales de la Médecine attestent combien les découvertes utiles éprouvent d'obstacles : qui ignore que la circulation, l'antimoine, le quinquina, et de nos jours, l'inoculation et la vaccine ont été arrêtés, dès leur naissance, par les cris de l'ignorance présomptueuse, de la routine aveugle, de l'intérêt, de l'amour-propre blessé, toujours habiles à décrier toutes les vérités nouvelles et utiles.

Plan d'Expériences.

Il faut que des expériences aussi importantes soient dirigées de manière à répondre à toutes les objections raisonnables qu'on peut faire, afin que les résultats en soient décisifs et tels qu'ils entraînent la conviction générale. Pour arriver à ce but, nous proposons les moyens suivans :

Local convenable.

Paris nous paraît préférable à tout autre endroit ; c'est le centre des lumières et de l'observation ; c'est aussi le lieu où il sera plus facile de réunir les membres nommés pour suivre ces expériences et en constater les résultats ; le Gouvernement peut y disposer facilement un local où les chevaux soumis aux expériences resteront dans les conditions ordinaires de la santé et suivront le régime militaire. Cette authenticité nous paraît une des conditions indispensables pour en imposer aux esprits de controverse qui aiment à douter de tout : la caserne de l'Ave-Maria remplit très-bien l'intention, et n'exige aucune dépense ; elle permet d'établir la police nécessaire pour que des étrangers indiscrets et méchans ne se glissent furtivement et n'injectent ou n'insufflent dans les naseaux des chevaux sains quelques poudres, quelques liquides irritans ou corrosifs ; car, quoique nous pensions que le public curieux et observateur doive jouir de la faculté de voir les animaux soumis aux expériences, nous croyons cependant qu'on doit prendre des mesures pour empêcher que quelques méchans ne troublent ces épreuves.

Si les premières expériences faites à Paris ont des résultats tels qu'on obtienne des preuves que la morve et le farcin ne sont pas contagieux, il nous paraît indispensable alors, pour

rendre ces faits plus concluans et plus authentiques, de faire répéter ces essais sur plusieurs
points de l'Empire.

Formation du Jury d'expériences.

Ce jury doit être naturellement composé
d'expérimentateurs et de juges impartiaux qui
transmettent les résultats de toutes les épreuves
et contre-épreuves; il importe qu'ils soient élus
parmi les personnages et les savans dont le
caractère et les connaissances donnent au Gouvernement l'assurance que la vérité toute entière lui arrivera sans aucune atteinte. Qui
oserait douter des faits, s'ils étaient recueillis,
attestés par des hommes marquans, tels que
MM. Chaptal, Bertholet, Canclaux, Préval;
Dupuytren, Thenard, etc.

Un secrétaire - rédacteur serait également
utile: tous les jours, ce jury s'assurerait des faits
par lui-même; un procès-verbal serait dressé
et remis à Son Excellence, qui connaîtrait,
par ce moyen, les résultats journaliers de ces
épreuves.

Choix des Chevaux soumis aux Expériences.

Cent chevaux en bonne santé et reconnus sains, nous paraissent nécessaires aux différentes expériences sur la morve et le farcin; un plus petit nombre rendrait les résultats moins concluans, moins décisifs. Ils seraient choisis, autant que possible, parmi les races placées dans des conditions opposées, moitié du Midi, l'autre du Nord : ce choix éclairerait peut-être la question importante de l'hérédité et du climat. Ces cent chevaux pourraient êtres tirés des réformes de différens corps de cavalerie; à leur arrivée au lieu des expériences, ils seraient examinés avec soin; ceux reconnus robustes et sains seraient signalés et numérotés; les autres seraient remis à la disposition du Gouvernement. Nous insistons beaucoup sur ce point important, car nous pourrions démontrer par des faits positifs, par de nombreuses ouvertures de chevaux morts d'accidens, que souvent un animal sain, en apparence, pour la plupart des observateurs, renferme dans ses organes le germe évident de cette maladie, il s'ensuivrait alors qu'on prendrait pour un effet contagieux tout ce qui ne serait qu'un développement d'une affection latente. Ainsi, pour que la contagion soit démontrée, il faut que les sujets soumis à l'épreuve jouissent d'une parfaite santé.

Cinquante chevaux, dont vingt-cinq morveux, les autres farcineux, suffisent pour l'inoculation du farcin et de la morve. Pour ôter tous les doutes sur l'existence de ces deux maladies, parvenues à leur dernier période, et prouver que ces cinquante chevaux possèdent, autant qu'on peut le désirer, le prétendu pouvoir contagieux, on pourra les faire choisir parmi ceux qui sont condamnés à l'École vérinaire d'Alfort ou dans les corps de cavalerie qui sont en garnison dans le voisinage. Ces chevaux, à leur arrivée, seraient également signalés et numérotés; le temps des épreuves écoulé, ils seraient abattus et ouverts publiquement, pour mieux constater l'existence de l'une ou de l'autre de ces maladies : par là on réduirait la dépense de ces expériences autant qu'on peut le désirer, dépense qui ne consiste que dans le logement, la nourriture et la garde de cent cinquante chevaux.

Divers modes d'Inoculation.

Si la morve et le farcin sont contagieux, ils ne se transmettent que par la cohabitation ou par l'application de certains harnais qui ont servi à des chevaux affectés de ces maladies : nous, pour rendre les expériences démonstratives, nous proposons des moyens d'inoculation beaucoup plus sûrs.

Un cheval morveux ou farcineux sera placé entre deux chevaux sains, de manière que les cinquante servant à la transmission de l'une et l'autre de ces maladies seront interposés un à un avec les cent chevaux soumis à l'épreuve; tous les matins, le cheval sain prendra la place du morveux et du farcineux *et vice versá;* la même litière, les mêmes auges, les mêmes rateliers, les mêmes ustensiles de pansement de la main serviront pour tous; tous les jours, à la suite du service ordinaire du matin, du mucus de la morve, de la matière farcineuse seront mis en contact sur diverses parties du corps des chevaux sains : au bout d'un mois de l'emploi de ces moyens de transmission de virus morveux et farcineux, la

morve sera inoculée par insertion avec la
lancette dans les naseaux de chaque cheval
sain ; il en sera de même du virus farcineux
qui sera déposé sur différentes parties du
corps où il se développe le plus ordinairement. Si ces moyens sont insuffisans, on portera de la matière farcineuse et morveuse dans
la circulation, en l'introduisant par l'appareil
veineux. Il nous semble qu'un tel mode d'insertion de virus lèvera tous les doutes sur le
pouvoir contagieux ou non contagieux de la
morve et du farcin ; on pourrait aussi établir
entre un cheval sain et un morveux une communication directe des voies de la respiration,
à l'aide d'un masque, appareil ingénieux dont
M. Dupuytren a déjà fait usage.

Durée des Expériences.

Nous pensons que ces épreuves doivent
durer un an révolu : c'est le moyen d'ôter
toute occasion à la critique et de résoudre
cette grande question. Si elles étaient plus
bornées, si elles ne se pratiquaient que dans une
ou deux saisons, on ne manquerait pas d'élever
des doutes ; les uns diraient qu'en hiver, la con-

tagion devient difficile , souvent impossible ;
que l'air , dans cette saison , est mauvais conducteur des miasmes ; les autres diraient que,
dans les temps chauds, la transpiration est très-
considérable , et que par là les levains contagieux sont rejetés : une année entière d'épreuves
répondra à toutes ces objections.

Régime des Chevaux en expériences.

La ration militaire de coutume en foin ,
paille et avoine sera accordée à chaque cheval;
il importe seulement que ces fourrages soient
de bonne qualité : sans cette condition , les
expériences deviendraient douteuses. La boisson sera composée d'eau potable et non altérée,
ni chargée de crudités (sulfate et carbonate
de chaux).

Le pansement de la main sera pratiqué avec
soin, et comme il est d'usage dans les corps de
cavalerie.

L'exercice est nécessaire, mais on aura l'attention qu'il soit modéré , et surtout que les
chevaux ne rentrent pas couverts de sueur : la
promenade au pas et au trot, deux heures par
jour, nous paraît suffisante.

Police et Garde.

La police de la caserne sera faite comme il est d'usage dans les quartiers de cavalerie ; deux hommes seront de garde en tout temps dans chaque écurie ; la consigne portera de ne point permettre aux étrangers, de visiter, manier aucun cheval, pour éviter les injections irritantes ou caustiques ; personne n'aura le droit de faire sortir un cheval de son rang, ni le monter, sans la permission du Commandant de la caserne ou du Jury d'expériences.

Un palefrenier, et de préférence un militaire, sera attaché à trois chevaux au plus ; un officier intelligent commandera en chef dans la caserne : il importe qu'il soit rigide observateur de tous ces principes, et qu'il ne permette aucune infraction au règlement.

Un tel plan ne laisse pas plus de doute sur les sentimens qui nous animent que sur son résultat ; les juges éclairés que nous avons indiqués en sont une preuve irrécusable.

Le Gouvernement et la société toute entière, ne peuvent rester indifférens dans une cause d'un si grand intérêt. Si la morve est contagieuse, les mesures de préservation dont on use sont insuffisantes ; si elle ne l'est pas, on se prive d'animaux utiles à la guerre, au commerce et à l'agriculture. En reproduisant aujourd'hui cette question, on ne peut plus nous supposer un intérêt personnel, l'amour seul de la vérité nous guide ; nous dédaignons de répondre à la critique maladroite qu'on a faite de nos idées dans un Journal ; nous ne cherchons ni célébrité, ni emploi ; nous nous croyons fondés, d'après nos recherches, à publier que la morve du cheval n'est point contagieuse, que c'est la phthisie nasale ulcérée : tôt ou tard cette vérité sera reconnue, et on sera forcé de rendre hommage à la pureté de nos motifs.

Recherches sur la Pousse.

LES auteurs qui ont écrit sur cette maladie, qui attaque le cheval, l'âne et le mulet, paraissent peu d'accord sur le siége, la nature et les symptômes de cette affection. Avant de faire l'exposé de nos expériences, nous croyons devoir fixer l'attention par un tableau exact et rapide de leurs opinions. Rien ne prouvera mieux, suivant nous, la nécessité de se livrer à de nouvelles recherches, que la diversité et l'opposition de leur jugement sur cette matière.

Vegèce (*Ars veterinaria, sive mulo medicina, edente Joanne Sambuco, Basileœ*, 1574, 1 vol. in-4°, liv. III, chap. 46) fait le portrait suivant du cheval poussif : Il respire difficilement, surtout lorsqu'il marche ; il soupire souvent, il ronfle, ses flancs sont tendus. Il déclare cette maladie incurable, quoiqu'elle permette ordinairement au cheval de vivre long-temps.

Il oublie de parler des causes et du siége de la pousse. Pour traitement, lorsque la maladie est récente, il ordonne la saignée aux veines thorachiques externes et des breuvages composés de vin miellé tenant en suspension de la myrrhe et du soufre ; il prescrit aussi l'usage du foin arrosé avec de l'eau miellée et nitrée : il veut que le cheval poussif soit garanti du froid.

Ruini, dans un ouvrage italien intitulé *Anatomia del Cavallo*, 1 vol. in-folio, *in Venezia*, 1618, liv. III, art. *Pousse*, attribue cette maladie au déchirement et à l'ulcération des poumons; il déclare qu'il ne partage pas l'opinion des maréchaux italiens, qui pensent que le cheval poussif a tous les signes ordinaires de la santé, si on en excepte la difficulté de respirer. Il trouve les causes de la pousse dans de violens efforts, dans un travail excessif. Le traitement qu'il adopte est celui qui convient à la phthisie et à la courbature ancienne.

Solleysel, dans la cinquième édition de son *Parfait Maréchal*, publié à Paris, en 1684, in-4°, pages 335 et suivantes, fixe le siége de la pousse dans le poumon. Les signes qui l'annoncent sont une difficulté de respirer, accompagnée d'une agitation des flancs et de la dilatation des narines, lorsque le cheval traîne un fardeau en montant, ou lorsqu'il court.

Il attribue la cause de la maladie à l'épaississement des humeurs qui embarrassent les bronches et qui obstruent surtout le conduit qu'il prétend exister entre les poumons et les reins.

Il croit la pousse héréditaire, et alors il la déclare incurable, ou bien il pense qu'elle naît à la suite de violens efforts, d'une nourriture échauffante.

Il énumère un très-grand nombre de subs-

tances médicamenteuses auxquelles il accorde
le pouvoir de guérir , ou au moins de pallier
la pousse dans un grand nombre de cas. Les
moyens curatifs et palliatifs sont opposés : le
miel, le régime adoucissant, figurent parmi les
premiers; dans les seconds, on trouve l'aloès ,
le kermès minéral, l'antimoine , le soufre ,
et une multitude de médicamens dont il serait
difficile de justifier la prescription. Il cite un
exemple assez singulier de la guérison d'un
cheval poussif renfermé, pendant huit jours, dans
une grange remplie de foin, et privé de boire pendant cet intervalle. Les maréchaux ont ensuite
abusé de cette citation de Solleysel, pour ordonner
le foin à discrétion aux chevaux poussifs qu'on
privait de la boisson. L'abus que fait presque
toujours le vulgaire de l'annoncé de ces sortes
de cures miraculeuses, de ces citations, qu'une
recherche exacte trouverait peut-être fausses ,
ou au moins très-légères, doit mettre les bons
esprits en garde contre cette tendance générale vers le merveilleux , qui nuit tant aux
progrès des sciences physiques.

Delcampe, *Connaissance parfaite des Che-*
vaux, réimprimée à Paris, en 1730, 1 vol.
in-8º, chap. III, page 227, caractérise la pousse

une difficulté de respirer causée par une matière viciée ou trop gluante dans les poumons.
Cet auteur confond la courbature, le cornage
avec la pousse, dont il oublie les signes essen-
tiels ; il distingue la pousse nouvelle et la pousse
héréditaire ; il croit la première facile à guérir,
et prescrit un moyen très-compliqué : ses
moyens curatifs sont opposés entre eux.

La Guérinière, dans l'édition de 1754 de
son *École de Cavalerie*, déclare qu'il a eu recours aux lumières d'un médecin pour rédiger
l'article *Maladies* de son ouvrage : la définition, la nature et le traitement de la pousse
paraissent extraits de Solleysel.

On lit dans les Mémoires de l'Académie des
Sciences, année 1745, page 80, une observation de M. Guettard sur les causes de la pousse
qui s'est manifestée épizootiquement à l'Aigle
en Normandie ; l'auteur attribue cette affection
au foin vasé, il indique les divers moyens d'enlever la vase et la poussière qui recouvrent les
fourrages après les inondations des prairies.

Garsault, à l'article *Pousse* de son nouveau
Parfait Maréchal, Paris, 1755, in-4°, pense
que cette maladie peut être arrêtée par les

maquignons ; il la définit une oppression de poitrine qui empêche le cheval de respirer.

Il distingue deux espèces de pousses, l'une curable et l'autre incurable ; la première est flegmatique, l'autre phthisique. (On voit que l'auteur confond deux maladies essentiellement différentes). Garsault refuse de croire à l'hérédité de la pousse : il distingue cette dernière affection avec le cornage, qu'il croit déterminé dans tous les cas par une conformation vicieuse des naseaux ; il rappelle la guérison du cheval poussif, citée par Solleysel ; il paraît disposé à croire, d'après cet exemple, qu'il serait utile de diminuer la boisson des animaux affectés de cette maladie : il motive son opinion sur la remarque qu'il a faite de l'augmentation des symptômes propres à la pousse, lorsque l'animal vient de boire.

Le Gentilhomme maréchal, traduit de l'anglais de Barthelet, par Dupuy-Demportes, 1 vol. in-12, Paris, 1756, page 76, trouve la cause de la pousse dans le développement très-considérable des poumons et du cœur, quoique les organes soient parfaitement sains ; il déclare avoir disséqué fréquemment des chevaux poussifs, qui lui ont toujours offert cette remarque digne d'attention ; il nie que la pousse soit curable , ordonne la paille et proscrit le foin comme moyen palliatif. On voit combien l'auteur s'éloigne de l'opinion accréditée en Angleterre sous le double point de vue du régime et des causes de cette affection.

Bourgelat, article *Pousse*, dans l'ancienne Encyclopédie in-folio, tome XIII, page 250, ainsi que dans son *Traité de l'extérieur du Cheval*, caractérise cette maladie une altération et un battement de flanc, occasionnés par une oppression des organes respirateurs : cette difficulté de respirer est essentiellement due à l'opilation des vaisseaux du poumon.

Il donne, pour signe essentiel de cette maladie, le soubresaut qu'on aperçoit aux flancs dans le principe de chaque expiration.

L'illustre fondateur des écoles place la pousse au rang des cas rédhibitoires ; il rappelle la coutume de Paris, qui autorise l'acheteur à faire reprendre au vendeur le cheval poussif dans les neuf jours qui suivent le marché.

Notre auteur croit à la possibilité de suspendre la pousse pendant quelque temps au moyen de certains remèdes qu'il n'indique pas.

Lafosse , dans son *Cours d'Hyppiatrique* ,

publié à Paris en 1772, grand in-folio, figures, page 355, ainsi que dans son *Dictionnaire d'Hyppiatrique* et son *Guide du Maréchal*, définit la pousse une difficulté de respirer, sans fièvre ; il la compare à l'asthme de l'homme ; il reconnaît cette maladie aux grandes inspirations du cheval et aux fortes contractions des muscles inspirateurs ; les côtes s'élèvent avec force et difficulté, mais en deux temps, caractère qu'il dit être propre à la pousse.

Il cherche les causes de cette maladie dans l'épaississement des liqueurs animales et dans le relâchement des vésicules pulmonaires, tandis qu'il trouve celles du cornage ou sifflage dans le resserrement de la glotte.

Il déclare la pousse incurable ; il pense qu'elle peut être modifiée, adoucie par le régime.

Le baron de Sind, *Manuel du Cavalier*, Paris, 1766, 1 vol. in-12, page 182, article *Pousse*, distingue sous ce nom deux maladies, la pousse et la phthisie : il paraît avoir suivi les opinions de Solleysel et de Lafosse, dans la description qu'il fait de cette maladie.

Vitet, *Médecine vétérinaire*, Lyon, 1783, pages 688 et suivantes du 2ᵉ volume, définit la pousse, comme Lafosse, une difficulté de

respirer, sans fièvre ; il observe judicieuse-
ment que la gêne de la respiration est plus
grande lorsque l'animal est obligé de monter
ou de courir, remarque qui n'avait pas échappé
à Solleysel.

Il distingue la pousse de naissance, la pousse
sèche, l'humide, celle par réplétion, enfin
celle qui est la suite d'une affection de poitrine ; il cherche les causes de ces diverses modifications de la maladie dans l'air et le sang
épanchés dans le tissu pulmonaire, et dans la
viscosité des bronches ; il n'admet pas les mêmes
moyens curatifs et palliatifs pour toutes ces
sortes de pousses, il prescrit des apéritifs, des
évacuans ou des adoucissans, suivant les indications.

Rosier, dans son 8ᵉ volume du *Dictionnaire d'Agriculture*, au mot *Pousse*, paraît avoir suivi les idées de Solleysel et de
Lafosse dans l'énumération des causes et des
signes de cette affection ; mais il est bien
éloigné de penser comme ces auteurs sur
le régime convenable au cheval poussif : il
veut qu'on lui retranche l'avoine et le son ,
et qu'on ne lui donne qu'une certaine quantité de paille. Nous croyons que la méthode

13

de Rosier est trop austère , et qu'un cheval poussif qu'on voudrait soumettre à un travail ordinaire ne le soutiendrait pas long-temps. Rosier place la pousse au rang des maladies rédhibitoires.

Vicq-d'Asir , dans l'*Éloge de Lamure ,* inséré dans les Mémoires de la Société royale de Médecine, année 1784, page 164, rapporte une expérience faite par le célèbre professeur de l'Ecole de Montpellier sur l'augmentation des espaces intercostaux dans les inspirations difficiles. Suivant M. Lamure, cet accroissement est peu sensible dans l'état naturel ; mais si l'on fait une ouverture à la poitrine, la gêne de la respiration devient très-grande et les côtes s'écartent davantage : cette expérience très-remarquable fut faite, en 1752, en présence de M. Sauvages.

Dans les *Instructions vétérinaires ,* année 1790, page 133, la pousse n'est considérée, par M. Chabert , que sous le rapport de la jurisprudence ; l'estimable directeur d'Alfort pense que cette maladie ne devrait pas plus que le cornage ou sifflage, faire partie des cas rédhibitoires. Suivant M. Chabert, les signes qui décèlent la pousse sont évidens : ils se reconnaissent à l'irrégularité très-sensible du mouvement des organes respirateurs, surtout dans le temps de l'expiration, qui se fait en deux temps très-marqués.

Nous ne devons pas oublier des recherches très-curieuses faites sous nos yeux par M. Flandrin, en 1791. Ce savant compagnon des travaux de M. Chabert cherchait une explication satisfaisante des dangers de l'opération de l'empyème, opération qui, le plus fréquemment, a pour suite une mort plus prompte du malade. Il observa, dans un très-grand nombre de chevaux d'opérations pris indistinctement, que l'air atmosphérique, introduit par une plaie ou une ouverture quelconque dans la cavité torachique, portait une atteinte subite et funeste aux organes respirateurs ; il nota surtout l'écartement des espaces intercostaux et l'interruption du mouvement ordinaire du diaphragme; il expliquait ce dérangement par la pression de la colonne d'air atmosphérique sur les parois intérieures de la poitrine, et la cloison mobile du diaphragme en recevait plus particulièrement l'impression. On connaît bien aujourd'hui les effets de l'air atmosphérique sur les membranes séreuses, mais le public désire voir imprimer ces résultats précieux de sa pratique éclairée.

Frenzel, dans un ouvrage allemand intitulé *Manuel pratique à l'usage des Vétérinaires et des Économes*, publié à Leipsick en 1795, 3 vol. in-8°, dit dans le premier volume, page 457, que la pousse est une difficulté de respirer sans fièvre (définition de Lafosse), difficulté qui se manifeste dans le repos et surtout pendant l'exercice, et qui est accompagnée d'un bruit plus ou moins fort.

Les signes caractéristiques de cette maladie sont : respiration profonde avec ou sans toux ; côtes s'élevant avec force, mais avec difficulté et en deux fois ; flancs retroussés, narines dilatées, ouvertures nasales plus arrondies. L'auteur allemand attribue cette maladie au sang épais, au relâchement des vésicules pulmonaires, à la présence des tubercules du poumon, à des adhérences, à des concrétions de cet organe, aux maladies héréditaires, à une constitution vicieuse, enfin, aux affections de poitrine et à un excessif embonpoint, etc., causes qu'on pourrait généraliser et appliquer à presque toutes les maladies. Il croit que l'ossification des cartilages des côtes et du larynx peut causer la pousse, qu'il confond évidemment avec le cornage. Comme il fait plus haut l'énumération des symptômes propres à la courbature an_cienne, Frenzel termine cet article par une longue énumération des substances capables, suivant lui, de pallier ou de guérir la pousse.

Waldinger, dans ses *Observations sur les Chevaux*, ouvrage allemand, reconnaît la pousse au mouvement ondulatoire des flancs, mouvement qui se fait en trois temps.

M. le professeur Pessina, de Vienne, pense que le siége de la pousse est dans les poumons; il croit aussi que les affections du péritoine et celles du foie peuvent la faire naître.

De la Bère-Blaine, dans le troisième volume de ses *Notions fondamentales de l'Art vété-rinaire*, traduites de l'anglais en français, Paris, 1803, in-8°, page 204, passe en revue rapidement les opinions de ses compatriotes sur le siége et la nature de la pousse.

Gibson l'attribue à un accroissement extraor-dinaire des organes de la poitrine; les poumons et le cœur sont d'ailleurs sains.

Lower trouve la cause de cette affection dans la rupture du nerf phrénique (diaphrag-matique); Coleman, dans le déchirement des vésicules pulmonaires , opinion que de la Bère-Blaine n'admet pas toujours.

De la Bère-Blaine pense que la plus grande difficulté de respirer se distingue surtout dans l'expiration : il nie la curabilité de la pousse, mais il assure que le régime peut la pallier ; cependant il croit à l'efficacité du goudron et de l'eau de chaux ; chose vraiment notable, il ordonne, pour toute nourriture, le vieux foin, le blé ; il défend la paille et le son, ainsi que le vert , surtout lorsque les plantes qui le composent sont aqueuses et peu sapides ; l'eau, comme boisson , doit être donnée avec une grande modération : il est facile d'apercevoir que l'auteur anglais fait ici allusion au cheval poussif de Solleysel.

M. Pozzi, directeur de l'Ecole royale vété-rinaire d'Italie, dans son *Traité de Zoïatrie*, publié à Milan en 1807 et 1810, 3 vol. in-8°, section Ire, pages 543 et suiv. du troisième volume , définit la pousse une déviation de l'état de santé du système nerveux avec affec-tion partielle du poumon , accompagnée de sthénie et plus fréquemment encore d'asthé-nie ; il la compare à l'asthme de l'homme.

Voici les symptômes auxquels il reconnaît la pousse : toux faible, inspiration profonde , oppression du poumon , muscles respirateurs dans une violente contraction , côtes élevées avec force et difficulté, flancs tendus et plus ou moins agités.

« La pousse commençante, dit M. Pozzi, « dérange peu l'animal ; il continue son ser- « vice, si son régime est convenable. » Suivant cet auteur, les causes de cette maladie sont la faiblesse de l'organe pulmonaire avec augmentation d'irritabilité du système nerveux, ou une mauvaise conformation de la poitrine.

Si la pousse est asthénique, M. Pozzi ordonne l'éther sulfurique, l'opium, les vésicatoires , comme rubéfians ; les fumigations aromatiques : il veut aussi qu'on fasse inspirer au cheval poussif du gaz oxigène.

Dans la pousse sthénique, il prescrit l'eau distillée de l'aurier-amande, les amers, le kermès minéral, les gaz hydrogène et azote inspirés par l'animal ; les sétons, comme dérivatifs, qu'il ordonne de faire suppurer long-temps , et qui agissent alors comme débilitans.

M. le professeur Grognier, dans le compte

rendu des travaux de l'Ecole impériale vétérinaire de Lyon, le 17 mai 1810, rapporte
l'observation suivante, qu'on attribue à deux
élèves.

« Pour reconnaître la cause organique im-
« médiate de la pousse, une incision a été
« pratiquée entre les huitième et neuvième
« côtes sternales d'un cheval poussif, le doigt
« a été introduit dans cette ouverture, et l'on
« s'est assuré que le diaphragme fuyait vers le
« bassin , dans le moment de l'expiration ;
« qu'il avançait, au contraire, dans le temps
« où l'air entrant dans le poumon, et la capa-
« cité de la poitrine devant augmenter, il est
« naturel que la cloison diaphragmatique soit
« poussée en arrière. »

Cette même expérience, faite sur deux autres chevaux poussifs, a présenté le même phé-
nomène.

On a ouvert, dans le même endroit, la
poitrine à trois chevaux qui n'étaient point
poussifs, et, comme on s'y attendait bien, le
diaphragme se dirigeait en avant dans l'expiration, et en arrière dans le mouvement opposé. « Ne pourrait-on pas conclure de ces
« expériences, dit M. Grognier, que la pousse

« est une maladie du muscle diaphragma-
« tique. »

Nous aurions pu étendre nos recherches à
quelques auteurs modernes et anciens que
nous omettons de citer à dessein, puisque
leurs opinions se rapportent à celles déjà exposées précédemment ; nous aurions pu rapporter les idées de Stahl, qui compare aussi
l'asthme de l'homme à la pousse du cheval,
comparaison qui ne nous paraît pas exacte,
puisque l'asthme est une maladie d'accès,
tandis que la pousse ne présente point ces
paroxismes. Mais nous croyons que ce hors
d'œuvre surchargerait notre travail sans ajouter
à son importance. Voyons maintenant en quoi
les auteurs cités diffèrent, et quel est le véritable état de la question.

Les signes qui font reconnaître la pousse sont
à peu près les mêmes dans tous ces ouvrages :
ils ne laissent que peu de chose à désirer; nous
espérons réparer ces lacunes et caractériser
cette maladie d'une manière plus précise.

Nous n'en dirons pas autant des considérations de tous les auteurs sur la nature, le
siége et le traitement de la pousse; on y trouve
les idées les plus disparates : on peut réduire à

quatre différences notables celles qu'ils exposent sur le siége de la maladie.

Les uns, et c'est le très-grand nombre, assignent les poumons sans s'accorder sur le genre d'altération qu'éprouvent ces organes; ils nous les présentent, tantôt simplement engorgés, tantôt suppurés, tantôt, enfin, remplis de concrétions, de tubercules, les vésicules pulmonaires distendues, déchirées.

Gibson déclare le contraire et fait consister la pousse dans l'accroissement considérable du poumon et du cœur, ne présentant d'ailleurs aucune altération morbide.

Lower assigne pour cause de cette maladie, la rupture du nerf diaphragmatique.

Enfin, l'Ecole de Lyon paraît disposée à croire que le muscle diaphragmatique est le véritable et unique siége de la maladie. Cette opinion, réunies à celle de Lower et de Gibson, laisserait présumer que les ouvertures de chevaux poussifs qu'ils ont faites, ne leur ont pas offert des lésions organiques apercevables dans les poumons, autrement ils n'auraient pas oublié de les décrire. Nous ajouterons que les conséquences qu'on est disposé à tirer de trois faits observés à Lyon, nous paraissent précipitées ; elles sont opposées aux expériences de Lamure et de Flandrin , et plus particulièrement à l'histoire des maladies du diaphragme. Le cabinet de pathologie de l'Ecole d'Alfort offre plusieurs exemples de diaphragmes déchirés , enflammés, adhérens aux parties environnantes , sans qu'on ait jamais remarqué que les chevaux affectés de ces lésions aient présenté les signes extérieurs de la pousse pendant leur vie.

Ces quatre manières de considérer cette affection, par rapport à son siége , peuvent se réduire à deux idées principales : lorsqu'il est question de sa nature, les uns la regardent comme une maladie organique , accompagnée de désordres de lésions sensibles ; les autres nient les dérangemens matériels des tissus , et expliquent la maladie par l'influence nerveuse qui trouble les fonctions des organes pulmonaires.

Le plan curatif ou palliatif de la pousse ne présente pas moins de différence dans les écrits des divers auteurs cités. Comment, en effet, recourir à la même méthode curative ou palliative, quand on est si opposé dans le jugement qu'on porte du génie et de la nature d'une affection? Aussi voyons-nous les uns prescrire les excitans, les autres les débilitans; quelques autres, enfin, adoptent une méthode mixte propre à l'un et à l'autre systèmes.

Exposé de nos Recherches sur la Pousse.

Avant d'entrer en matière, nous croyons devoir faire connaître l'esprit qui a dirigé nos travaux.

Il en est de l'observation comme du raisonnement, tout dépend des principes d'où l'on part : l'art d'observer est plus difficile qu'on ne pense; que de fois on a vu l'expérience contredite par l'expérience, les faits démentis par d'autres faits; il ne suffit donc pas de voir pour rendre ce qu'on a observé, il faut bien voir et s'accoutumer surtout à apporter dans les recherches cet esprit attentif et dégagé de toute hypothèse, ce tact fin qui fait distinguer la vérité à travers le voile épais qui l'enveloppe; il faut cette patience, ce courage à toute épreuve qui ne redoutent pas les travaux les plus pénibles, les observations les plus minutieuses. C'est surtout dans l'art d'expérimenter, qu'il importe de ne pas se laisser égarer par cette lueur passagère et trompeuse qui vous montre souvent l'effet pour la cause. Le moyen le plus certain d'éviter ces écueils, nous paraît être essentiellement la connaissance exacte de l'organisme animal et celle des lois qui président à la vie. Nous croyons que l'anatomie et la physiologie pathologique sont les guides les plus sûrs dans la recherche sur le siége et la nature des maladies. C'est avec ce flambeau qu'on distinguera facilement la cause première de l'affection d'avec les désordres qui en sont la suite. N'est-ce pas au défaut de connaissances positives d'anatomie et de physiologie des anciens hippiatres, qu'on peut attribuer les erreurs répandues dans la plupart de leurs écrits. N'est-ce pas à un défaut opposé, mais non moins grave, qu'on doit aussi attribuer les écarts de quelques vétérinaires ? La rapidité avec laquelle ils font ordinairement les ouvertures des animaux morts, le peu d'exactitude qu'ils apportent à considérer successivement et avec soin les diverses parties de l'organisation, et l'espèce d'oubli qu'ils font du cœur et des autres parties de l'appareil circulatoire, organes d'une importance si grande

dans le cheval, ont apporté de nombreuses
entraves aux progrès de la vétérinaire ; souvent même une fausse théorie a éloigné du
chemin de la vérité ceux qui ont voulu par-
courir la même route. Nous nous croyons donc
obligés de penser que si les anciens avaient eu
une connaissance plus exacte de l'organisation
des animaux, que si les modernes étaient plus
attentifs dans leurs recherches sur les maladies, on trouverait moins de systèmes, et qu'on
serait naturellement ramené à l'unité d'opinion toutes les fois qu'on traiterait des maladies organiques, puisqu'elles laissent toujours
des traces matérielles de leur présence dans
les organes. On jugera si nous avons su nous
garantir nous-mêmes de ces erreurs si com-
munes dans la carrière médicale ; du moins,
nous avons cherché tous les moyens propres
à les éviter : examen attentif des animaux pendant le cours de leurs maladies, ouverture
soigneusement détaillée de leurs corps après
la mort, comparaison des organes dans l'état
sain et l'état maladif, consignation exacte sur
notre journal de tous les faits recueillis, à
mesure qu'ils se sont offerts à nos yeux, voilà

comment nous avons voulu éviter et les pres-
tiges de l'imagination et les infidélités de la
mémoire. Nous devons déclarer toutefois,
qu'avant la lecture de l'ouvrage de M. Cor-
visart sur les *Affections organiques du Cœur
dans l'Homme*, nos recherches sur la pousse
manquaient de liaison et de cet ensemble qui
conduit à des résultats satisfaisans et bien coor-
donnés ; que nous devons aux écrits de ce savant illustre les nouvelles bases adoptées dans
notre travail, et que nous espérons, par la
suite, lui donner toute l'étendue dont il est
susceptible, en ne laissant échapper aucune
occasion d'observer les dérangemens matériels
d'un organe trop oublié par les vétérinaires,
et que nous croyons cependant digne de leur
attention.

Première Observation.

Le 10 février 1807, une brebis espagnole,
nourrice âgée de quatre ans, nous fut envoyée
à Alfort par M. l'abbé Viriot : dans le repos,
la bête paraissait jouir d'une parfaite santé ;
on apercevait seulement une difficulté habi-
tuelle, mais peu sensible, de respirer, accompagnée du léger soubresault qui constitue le

symptôme essentiel de la pousse dans le cheval ; si on faisait marcher la brebis, si on l'agi-
tait un peu, alors la respiration devenait
très-promptement pénible ; après quelques pas
ou mouvemens rapides, la bête était forcée de
s'arrêter, elle refusait de marcher, présentait
tous les signes d'une asphyxie prochaine : la
bouche ouverte, la langue épaisse et de couleur bleuâtre livide, les yeux hagards et sortant
des orbites, les naseaux ouverts, une respiration ronflante et pénible, les côtes relevées
avec effort, les muscles abdominaux tendus
convulsivement, l'expiration interrompue par
un soubresault très-sensible, tels étaient les
symptômes assez singuliers qu'offrait cette
brebis ; peu à peu le repos ramenait le calme
dans les fonctions, et, au bout d'une demi-
heure, la brebis paraissait tranquille et man-
geait comme en parfaite santé : on était le
maître de produire à volonté le trouble dont
nous venons de parler ; l'agitation, la crainte,
la marche, le faisaient naître rapidement.

Ne voyant qu'incertitude dans le jugement à porter sur cette maladie qui nous
paraissait singulière, les moyens curatifs
auxquels nous eûmes recours, loin de la di-

minuer, parurent, au contraire, l'avoir ag-
gravée sensiblement; ne conservant, au bout
de quinze jours, aucune espérance de guérison, la bête fut sacrifiée et l'ouverture faite
avec tout le soin possible.

Le cerveau, le cervelet, le prolongement
rachidien, leurs enveloppes n'offraient aucune
particularité; les organes de l'abdomen étaient
sains et dans leur situation naturelle; les poumons un peu gorgés de sang, quoique la brebis
eût été jugulée; il n'en était pas ainsi du cœur
et de son enveloppe : le péricarde, distendu par
une assez forte quantité de fluide séreux et
légèrement floconeux, adhérait par sa face interne, au moyen d'une couche albumineuse,
à la presque totalité de la surface extérieure du
ventricule gauche ; au centre de cette adhérence, on remarquait une épingle ordinaire;
la tête était appuyée sur le péricarde, et sa
pointe pénétrait d'un centimètre et demi dans
l'épaisseur de la paroi extérieure du ventricule gauche ; elle y avait produit une plaie
oblique de quatre centimètres de longueur,
sans pénétrer dans la cavité ventriculaire.

Cette ouverture explique, suivant nous, les
symptômes bien extraordinaires de la ma-

ladie : la paroi extérieure du ventricule gauche du cœur irritée, et entamée incessamment
par la pointe de l'épingle, devait singulièrement borner les mouvemens de dilatation de
l'organe ; lorsque la brebis était calme, cette
diminution d'activité du ventricule artériel
était peu sensible et ne portait point un trouble
manifeste dans les fonctions circulatoires ; mais
si, par une cause quelconque, la crainte, le
mouvement, etc., la circulation devenait rapide, tumultueuse, alors le défaut de capacité
entre le ventricule gauche et son oreillette,
formait un obstacle pressant à la circulation ;
le ventricule gauche refusant de se dilater et
d'admettre la colonne de sang qui lui était ap-
portée, le liquide sanguin refluait de l'oreillette gauche dans les veines pulmonaires, et
des veines pulmonaires dans le tissu du poumon ; de là la toux et les symptômes prochains
de l'asphyxie, de là leur identité avec ceux de
la pousse la plus décidée dans le cheval. Nous
regrettons beaucoup aujourd'hui d'avoir né-
gligé la comparaison du ventricule artériel
avec le ventricule veineux et leurs oreillettes ;
nous pensons également qu'un examen attentif de l'aorte, de l'artère et des veines pul-

monaires nous aurait offert des remarques importantes sur la disproportion de leur calibre et sur la nature du fluide sanguin, dont l'hématose devait être incomplète, comme nous nous en sommes assurés par de nouvelles recherches. Cette observation a présenté cependant un grand intérêt, puisque c'est un corps étranger qui a causé en quelque sorte mécaniquement les symptômes de la pousse.

Deuxième Observation.

Le 19 avril 1807, M. Dupuy, dans un Rapport publié sur les travaux de l'Ecole impériale vétérinaire d'Alfort, rappelle succinctement les résultats de l'ouverture de deux chevaux poussifs : il a trouvé dans l'un et l'autre le cœur très-volumineux, et l'artère pulmonaire extrêmement dilatée ; le professeur en conclut que la pousse pourrait bien avoir son siége dans le cœur et dans les gros vaisseaux qui y aboutissent : on voit que dès ce moment il avait entrevu le véritable siége de la pousse.

Troisième Observation.

Le 10 juin 1809, un cheval de race bre-
tonne propre au trait, hors d'âge, environ
quinze ans, taille d'un mètre cinquante-six centimètres, est amené à Alfort pour servir aux
opérations. Nous reconnaissons dans cet animal tous les signes caractéristiques de la pousse,
et nous engageons notre collègue Verrier à en
faire faire, sous nos yeux, une ouverture soi-
gnée : c'est de cette époque que date le plan
sévère adopté pour nos observations sur cette
maladie, nos recherches antérieures nous ayant
conduit à des réflexions importantes sur cette
affection , que les vétérinaires envisagent sous
des aspects si différens, et sur laquelle il nous
paraît cependant si nécessaire de s'entendre,
surtout lorsqu'il s'agit de traiter devant les
tribunaux cette question de jurisprudence ;
notre esprit se refusait à la théorie admise jusqu'alors, nous voulions examiner avec soin
ces vésicules pulmonaires, que le scalpel le
plus délicat n'a pu rendre palpables jusqu'ici,
et qu'on accusait assez généralement de causer
la pousse par leur dilatation excessive, dila-

tation que, jusqu'alors, nous n'avions pas été assez heureux de reconnaître dans les chevaux décidément poussifs; nous voulions aussi examiner les nerfs et les plexus qui se distribuent dans la poitrine. On sait que quelques vétérinaires considèrent la pousse comme une maladie nerveuse ; assertion vague, ressource ordinaire, lorsqu'on éprouve une véritable difficulté de caractériser une maladie : ces idées nous paraissent empruntées à la médecine humaine, qui fait un abus de ce système ; mais on peut lui pardonner plus facilement ses fautes à cet égard, puisque l'appareil de la sensibilité est très-actif et très-étendu dans l'homme, tandis qu'il est si restreint, si modifié dans les animaux domestiques.

Le cheval fut soumis, en présence des professeurs et des élèves, dans l'état de repos, à l'examen suivant :

Constitution robuste, formes musculaires et osseuses, prononcées, signes ordinaires d'une parfaite santé, en exceptant toutefois la respiration ; appétit qui portait l'animal à manger même sa litière, naseaux dilatés habituellement, le trajet des côtes bien marqué, l'inspiration pénible, terminée à son déclin par un soubresault ou mouvement convulsif et instantané des muscles expirateurs qui continuaient ensuite d'abaisser lentement les parois de l'abdomen ou du thorax; la toux, provoquée par la pression de la trachée, était obscure, quinteuse et très-fatigante : ce cheval, soumis à un exercice pénible, pendant une demi-heure, montrait les signes déjà décrits dans l'examen du repos, mais ils étaient portés au plus haut point d'intensité; à ces symptômes décrits, nous ajouterons les suivans : yeux remplis de larmes et roulans avec rapidité dans l'orbite; bouche ouverte, efforts inutiles pour tousser, langue épaisse, membrane muqueuse de la bouche et du nez de couleur noire et bleuâtre, respiration oppressive avec soubresault rapide, mais très-notable au commencement de l'expiration, côtes soulevées avec effort et séparées par les espaces intercostaux qui avaient le double de leur étendue ordinaire; anus sortant et rentrant dans le bassin, son déplacement en arrière répondant à l'inspiration, tandis que sa rentrée dans le bassin accompagnait l'expiration; organes respirateurs conservant leur trouble pendant une demi-heure.

Enfin, le calme à peu près rétabli, une ration d'avoine fut présentée à l'animal ; il se jeta avec avidité sur cet aliment, et un nouveau trouble, mais d'un caractère particulier, se fit remarquer ; la main portée sur la région précordiale à la pointe du coude gauche, le cœur battait avec tumulte, et sur une surface plus étendue que de coutume ; un bruit particulier naissait de ses mouvemens ; l'inspiration était ailée, sublime et presque permanente ; elle était suivie brusquement du soubresault déjà décrit, dans les autres modes d'examen ; mais ce soubresault ou mouvement convulsif était plus apparent que dans les autres situations décrites ; l'animal, souvent forcé de suspendre la déglutition, sans cesser pour cela de broyer l'avoine, qu'il saisissait avec une avidité remarquable et constante , quoique sa bouche fût remplie et laissât échapper une partie de l'aliment.

Ouverture.

Les viscères du crâne, de l'abdomen étaient dans un état d'intégrité bien sensible ; le cerveau et toutes ses dépendances n'offraient rien de notable ; dans les cavités abdominales et thorachiques, les plexus, examinés avec soin, ne fournirent aucune observation.

En pénétrant dans la poitrine, les poumons et leurs enveloppes furent trouvés parfaitement sains ; le péricarde ne contenait qu'une petite quantité de fluide ; quoique cette enveloppe membraneuse fût saine , elle avait une plus grande étendue que de coutume ; le cœur avait deux fois son volume ordinaire (nos mesures comparatives ont été prises sur celles de Daubenton et de Halès) ; de plus, nous avons eu soin de les vérifier nous-mêmes sur l'organe principal de la circulation de plusieurs chevaux sains et sacrifiés pour d'autres motifs ; les cavités auriculaires, celles du ventricule droit avaient acquis le double de leur étendue ordinaire, surtout l'oreillette gauche ; leurs parois musculaires étaient amincies singulièrement, les artères et veines pulmonaires avaient aussi plus de diamètre ; le ventricule gauche, au contraire , ainsi que l'aorte, se trouvaient rapetissés des deux tiers de leur capacité naturelle ; la membrane interne du ventricule était très-épaisse, de nature fibro-cartilagineuse ; elle laissait peu de mobilité aux parois musculaires et aux valvules.

Cette ouverture a été publique, et pour nous assurer que nous avions vu comme tous les assistans, nous avons confronté cet article de notre journal avec des notes prises par plusieurs élèves sur le même sujet.

Quatrième Observation.

Le 12 juin 1809, une jument de race commune, propre au trait, à tous crins, gris-souris, hors d'âge, taille d'un mètre cinquante-huit centimètres, d'une constitution forte et musculeuse, fut amenée pour servir aux opérations. Nous reconnûmes, avec les précautions ordinaires, que la pousse dont elle était affectée, était parvenue au dernier degré, tant le soubresault était facile à reconnaître et la respiration pénible. Fondés sur nos recherches antérieures, éclairés par les dérangemens sensibles que nous apercevions, soit dans le mouvement du cœur, soit dans l'appareil circulatoire de cette jument, recherches absolument négligées par les vétérinaires, lorsqu'il s'agit de reconnaître la pousse, nous avions annoncé, avant l'ouverture de l'animal, que le siége de la maladie était dans le cœur : l'ouverture démontra la justesse de notre pronostic ; en effet, l'oreillette gauche du cœur ainsi que ses valvules ventriculaires étaient profondément altérées, leur membrane interne était épaisse de plus d'une ligne, de couleur blanchâtre et ayant subi une dégénération fibro-cartilagineuse ; le tissu musculaire de l'oreillette fut trouvé dur et très-serré ; le poumon n'offrit rien de remarquable, seulement son bord dorsal droit, dans une étendue de cinq à six centimètres, était un peu déprimé et de couleur bleuâtre, mais nous dûmes attribuer cette particularité à la présence d'une exostose correspondante, fixée au corps de la sixième vertèbre du dos ; le tissu du poumon était ferme, élastique comme dans l'état de santé, seulement il contenait une assez grande quantité de sang noir, liquide, comme il arrive toujours, lorsque les fonctions de cet organe sont troublées par une cause quelconque, et que l'hématose n'a pu s'opérer ; les autres parties du corps de la jument étaient dans l'état ordinaire et n'ont rien montré de notable.

Cinquième Observation.

Dans le cours de l'été de 1809, un âne de taille ordinaire, hors d'âge, destiné à des recherches anatomiques, fut abandonné dans le

parc de l'École : nous eûmes occasion de l'examiner plusieurs fois ; depuis son arrivée jusqu'à
l'époque de son ouverture, il présentait les
signes de la pousse déjà décrits ; le régime du
vert, le pain que les enfans et les élèves lui
donnaient, portèrent bientôt la maladie au plus
haut degré ; à son arrivée, l'âne chargé souvent
d'un ou de deux enfans soutenait le petit galop
pendant plusieurs quarts d'heure, sans que ce
travail parût le gêner beaucoup ; mais la nourriture abondante qu'il reçut dans l'établissement fit faire des progrès rapides à la maladie,
et bientôt la gêne de la respiration fut portée
à un point tel qu'il refusait de marcher, et qu'il
offrait tous les signes d'une suffocation prochaine, si on le forçait à un mouvement un
peu rapide : la bouche béante, la langue, les
lèvres épaisses, de couleur foncée et violette,
les naseaux très-dilatés, la membrane nasale
colorée d'un rouge livide, la respiration ronflante, ailée, interrompue par un soubresault
très-marqué, voilà les symptômes qui se mani-
festaient promptement au moindre exercice : c'est
dans ces circonstances, c'est-à-dire, le 10 avril
1809, qu'on en fit l'ouverture ; M. Chabert, directeur ; M. Choquet, vétérinaire et docteur en

médecine, employé comme chirurgien-major aux armées; Craff, Devicque et un grand nombre d'élèves étaient présens avec nous.

On fit, avec beaucoup de soins, l'exploration des cavités nasales, de la trachée, ainsi que des poumons : ces parties offrirent tous les signes d'une parfaite intégrité, l'organe pulmonaire surtout fut trouvé sain ; au moyen de l'insuflation, son tissu dilaté également, offrit cette souplesse, cette élasticité qui le caractérisent lorsqu'il jouit de toutes ses propriétés vitales.

Le cœur au contraire était altéré d'une manière très-notable, on distingua les lésions organiques suivantes : la surface externe du ventricule gauche raboteuse, inégale dans une grande étendue ; tissu musculaire plus dense que de coutume, de consistance fibreuse, de couleur blanchâtre ; taches opaques plus ou moins étendues, de nature fibro-cartilagineuse, pénétrant dans sa substance, même à une assez grande profondeur; même transformation de la membrane interne du ventricule; tissus de l'oreillette gauche blanc, épais et fibreux dans plusieurs points; valvules auriculo-ventriculaires passées à l'état cartilagineux, ré-

trécissement sensible des deux cavités artérielles ; le ventricule droit et son oreillette furent reconnus parfaitement sains, leur membrane externe et interne minces et unies, leurs
fibres musculaires souples et élastiques, leurs
valvules libres étaient autant de points de
comparaison que nous eûmes soin d'établir
entre cette moitié droite du cœur et la gauche,
dont l'affection organique était si frappante.

Nous croyons devoir noter, d'ailleurs, qu'une
couche très-forte de graisse assez dense envi-
ronnait le cœur de l'âne, ce qui a pu gêner
davantage ses mouvemens : un examen exact
du cerveau, des nerfs, des plexus, ainsi que
de toutes les autres parties de l'organisation,
ne laissaient pas la moindre trace de dérangement.

Sixième Observation.

Le 12 août 1809, l'écarisseur Fiard fournit
pour les opérations chirurgicales un cheval
entier, propre au trait, de race commune,
alzan fortement rubican, hors d'âge, taille
d'un mètre cinquante-six centimètres, formes
musculeuses prononcées, constitution vigou-

reuse (il cherchait avec ardeur les jumens, malgré qu'il fût à la diète depuis plusieurs jours) : les signes caractéristiques de la pousse sont d'abord reconnus devant les répétiteurs et les élèves du Cours d'extérieur ; l'animal est abattu, on procède à son ouverture avec la plus scrupuleuse attention.

Cavité abdominale. — Intestins gros , et grêles plus pâles que de coutume ; un grand nombre de tubercules durs, et du volume d'un pois, sont placés à la pointe du cœcum ; ganglions lymphatiques plus gros et plus mous qu'à l'ordinaire ; foie en bon état : les autres organes abdominaux n'offrent rien de remarquable.

Cavité thorachique. — Environ un litre de sérosité citrine répandue dans les deux côtés du thorax, adhérence d'une petite portion du lobe gauche du poumon à sa face costale ; tissu pulmonaire d'une belle couleur, mais plus mou ; sa membrane séreuse intègre, excepté dans le point de son adhérence aux côtes, où le tissu parenchymateux et la plèvre étaient épais et comme lardacés ; du reste, nous n'y avons trouvé aucune altération morbide qu'on puisse regarder comme cause efficiente de la pousse.

Le péricarde offrait seulement un peu plus de fluide séreux que de coutume.

Le cœur, considéré avec soin, fournit les remarques suivantes : rien de notable dans les cavités de l'oreillette et du ventricule droits, resserrement sensible du ventricule gauche et de l'aorte ; l'oreillette gauche, l'artère et les veines pulmonaires avaient éprouvé une dilatation extraordinaire, et qui dépassait plus des deux tiers leur diamètre accoutumé ; les veines caves paraissaient aussi plus amples que d'ordinaire ; la membrane interne de l'oreillette gauche avait une épaisseur considérable, surtout dans la partie qui revêt le septum mediun ; son tissu blanchâtre, dense et très-épais, pénétrant jusque dans la substance charnue du cœur, et laissant dans son milieu une sorte de cicatrice ; l'ouverture auriculo-ventriculaire, en partie fermée par la transformation des valvules en une substance cartilagineuse, formait un obstacle insurmontable au passage du sang dans le ventricule artériel. Les réflexions qui naissent de ces recherches sont que le défaut de rapport entre les cavités du cœur et des vaisseaux pulmonaires, nous paraît expliquer suffisamment les phénomènes de la pousse.

Septième Observation.

Le 18 août 1809, un cheval hongre de race normande, propre au carosse, anglaisé, alzan clair, âgé de huit ans, taille d'un mètre cinquante-neuf centimètres, morveux et poussif, est abandonné à l'École ; l'ouverture en est faite avant que nous ayions le temps de reconnaître l'état des diverses fonctions pendant la vie ; nous constatons seulement le défaut de proportion de l'animal, sa maigreur extrême, sa poitrine étroite, caractère habituel d'une mauvaise constitution ; les cavités nasales montrent les progrès les plus marqués de la morve ; les ravages de cette maladie sont également sensibles dans les poumons, dont le tissu est rempli de tubercules qui, pour le plus grand nombre, sont suppurés : nous passons rapidement sur les lésions organiques de la morve, et nous arrivons au cœur, qui, après qu'on l'a vidé et qu'on l'a séparé de ses annexes,

donne un poids de deux kilogr. cinq hectog. ,
c'est-à-dire, près du double d'un cœur ordinaire ; son volume est considérable, la paroi
externe du ventricule gauche a onze centimètres d'épaisseur (*quatre pouces*) ; on remarque à sa face interne des taches blanches,
opaques, épaisses ; son tissu musculaire est
molasse, pâle ; les valvules ventriculaires sont
changées en une substance fibro-cartilagineuse
qui leur enlève leur mobilité.

Huitieme Observation.

Le 27 janvier 1810, un cheval hongre, de
race anglo-normande, propre à la selle, anglaisé, alzan brûlé, pelote en tête, hors
d'âge (environ quatorze à quinze ans), taille
d'un mètre cinquante-cinq centimètres., fut
destiné aux opérations et ouvert sous nos yeux.

Observations avant la Mort.

Nous lui avons reconnu les signes caractéristiques de la pousse, surtout le soubresaut
qu'on distinguait fort bien au commencement
de l'expiration, qui, après ce mouvement con-

15

vulsif des muscles expirateurs , se continuait ensuite lentement et avec difficulté ; malgré ses nombreuses tares, sa côte un peu plate, son encolure effilée , son extrême maigreur , cet animal nous a donné les preuves d'une grande énergie ; il a soutenu les opérations les plus graves et les plus douloureuses avec un fond inépuisable de vie , tandis que des sujets, soumis aux mêmes épreuves, avaient succombé très-promptement ; à la fin des opérations, sa vigueur était telle encore, qu'on a été obligé de lui couper les carotides.

Son ouverture a fourni les observations suivantes :

Rien d'important à noter dans la cavité abdominale , excepté une induration très-marquée du pancréas ; l'estomac , les intestins, le foie, la rate, les reins, la vessie, étaient parfaitement sains.

En ouvrant la poitrine , le poumon nous offre la couleur, l'élasticité, la consistance, la souplesse de tissu qu'on rencontre dans tous les chevaux dont les organes respirateurs sont intacts.

Le cœur découvert présente une altération digne d'être observée : le péricarde est par-

semé, à sa face interne, de petites taches blan-
châtres, surtout à sa partie supérieure ; il renferme un litre de liquide écumeux et de couleur citrine ; une tache semblable, mais de
l'étendue d'une pièce de vingt sols, se montre
à la pointe du cœur ; elle a la consistance et
l'aspect du cartilage ; elle se propage à travers
l'organe jusqu'à la face interne du ventricule
gauche : la même transformation fibro-cartilagineuse affecte sur plusieurs points d'une
grande étendue la cavité ventriculaire gauche,
dont l'ouverture est singulièrement diminuée ;
sa membrane a trois fois son épaisseur ; l'oreillette artérielle présente le même resserrement,
la même altération organique ; son tissu est
dense, inextensible ; sa membrane interne a
acquis six millimètres d'épaisseur ; elle se montre comme une aponévrose ; les valvules au-
ulo-ventriculaires sont dans le même état ; les
cavités droites du cœur, d'ailleurs saines, n'offrent aucun dérangement sensible ; le diamètre de l'artère et des veines pulmonaires est
double au moins, tandis que celui de l'aorte
a diminué très-sensiblement.

On fait un examen attentif des naseaux, du
larynx, de la trachée, des bronches, des plexus

thorachiques, des muscles respirateurs ; on n'y découvre aucune particularité, pas plus que dans le cerveau. Ne peut-on pas déduire de ce défaut de proportions du cœur et du poumon, de cette différence de capacité des oreillettes et des ventricules droit et gauche, la gêne, le trouble de l'appareil respirateur et la congestion des fluides dans le tissu pulmonaire, puisque les cavités gauches ne peuvent s'ouvrir convenablement pour les recevoir et les lancer dans le système aortique.

Neuvième Observation.

Le 14 mars 1810, une jument de cabriolet, sous poils noirs, âgée de quinze ans, taille d'un mètre cinquante-huit centimètres, nous offrit les observations suivantes :

État, deux jours avant la Mort. — La maladie datait de trois mois avant l'admission de la jument à la clinique de l'Ecole ; la bête était maigre, ses membres infiltrés rendaient la marche pénible ; cependant elle avait conservé son appétit pendant tout le cours de l'affection.

Observée dans le repos, les naseaux étaient dilatés, l'aile interne rebroussée et plissée longitudinalement, comme on observe dans les chevaux poussifs ; la membrane nasale de couleur terne, plombée, luisante et épaissie, la conjonctive pâle, infiltrée, les yeux fixes, hagards et saillans.

Respiration irrégulière, pénible, accompagnée de soubresauts à la fin de l'inspiration, mais moins manifeste que dans d'autres chevaux poussifs ; côtes soulevées avec effort, leurs trajets apparens, même dans l'expiration ; espaces intercostaux considérables.

Battemens du cœur petits, irréguliers ; mais ce qui nous parut surtout digne d'attention, c'est qu'on distinguait très-bien quatre coups ou vibrations, dont deux, simultanés, paraissaient produits par les flots d'un liquide qui heurtait les côtes, symptôme qui nous porte à reconnaître une hydropisie de la pleuvre ou du péricarde ; le pouls, exploré à la maxillaire, était petit, accéléré ; l'artère avait perdu singulièrement de son diamètre ordinaire.

Les excrémens rendus par la jument étaient mal élaborés, liquides ; il y avait diarrhée.

Deux jours après cet examen, la bête est ouverte ; nous notons qu'elle est morte par l'effusion du sang.

Le tissu séreux du péritoine est pâle ; du reste, on ne rencontre aucune particularité notable dans l'abdomen.

La poitrine offre des altérations très-importantes ; ses cavités sont remplies d'un fluide albumineux, de couleur citrine ; la quantité est estimée à vingt-cinq litres ; le côté gauche du thorax en contenait plus que le droit, ce qui explique les vibrations particulières du cœur. La plèvre costale, pulmonaire, diaphragmatique, est épaisse et garnie dans toute son étendue par une fausse membrane, qui se montre également aux faces internes et externes du péricarde, qui contient lui-même une grande quantité de liquide séro-albumineux. On observe plusieurs points d'adhérences entre les poumons et les côtes ; ces organes sont ainsi accolés au moyen de la fausse membrane, qui présente plus d'épaisseur dans ces endroits de leur union ; le tissu pulmonaire est profondément changé, surtout dans le lobe gauche rempli de tubercules, ou durs, ou suppurés ; le pourtour de ces tumeurs est lardacé et dense ; leur nombre est infini, leur volume est peu considérable, excepté dans les endroits où ils sont passés à l'état de suppuration.

La fibre musculaire du cœur est trouvée pâle, molle, peu contractile ; les cavités droites n'offrent rien de particulier ; l'oreillette gauche et son ventricule sont dans un état de flaxidité très-apparent ; ils ont plus de volume que d'ordinaire ; la membrane qui tapisse les cavités de ces agens principaux de la circulation est très-épaisse, blanchâtre ; les valvules auriculo-ventriculaires gauches sont denses, peu mobiles et passées à l'état cartilagineux, lésions organiques qui, quoique compliquées d'un hydro-thorax, rendent raison du soubresaut et des autres signes reconnus dans la pousse.

L'ouverture du crâne a montré un ramollissement sensible du cerveau, une infiltration des plexus choroïdes, et une matière glutineuse épanchée dans les ventricules ; la glande pituitaire jaune, consistante plus que de coutume.

Les ganglions lymphatiques des bronches étaient très-volumineuses et très-pâles ; leur centre offrait des concrétions semblables à des grains de millet.

Dixième Observation.

Le sultan étalon de selle, de race normande, né en 1802 au haras du Pin, taille d'un mètre cinquante-six centimètres, bai-cerise, à tous crins, étoile en tête, deux balzanes, arrivé à Alfort le 8 janvier 1810 pour servir à des recherches sur la pousse, dont il est affecté, au plus haut degré, depuis plusieurs mois; il offre, pendant son séjour à l'École, les observations suivantes :

On apprend du palefrenier du haras du Pin, qui le conduit, que cet étalon est très-regretté, qu'il a donné de superbes productions, et qu'on attribue sa maladie à la prodigieuse énergie qu'il a manifestée en faisant la monte, surtout pendant le printemps et l'été de 1810. M. Damoiseau, vétérinaire du haras du Pin, nous a donné la même assurance. En effet, le sultan a de belles formes, un ensemble régulier, et, en exceptant la gêne notable de sa respiration, il annonce, au premier abord, une grande énergie : il est soumis à divers essais; les médicamens stimulans aggravent la maladie, on en discontinue l'emploi; on a recours

aux adoucissans, le miel, la poudre de réglisse, les figues grasses qui produisent un
mieux assez sensible, mais qui ne guérissent pas,
malgré leur usage continué pendant plusieurs
mois. On observe l'influence de la constitution
atmosphérique et des alimens sur cet étalon ;
l'air froid et sec diminue la gêne de la respiration, l'animal montre plus de vigueur dans
cette atmosphère ; au contraire, l'humidité,
la chaleur aggravent sa maladie au point que
l'exercice le plus léger lui coûte beaucoup et
le jette dans un état de faiblesse très-remarquable, qui lui fait perdre l'appétit : il faut
un repos prolongé pour lui rendre sa force
ordinaire ; sa toux, suffocante dans une atmosphère élevée, est rare et peu fatigante dans un
air froid.

Le soubresaut du flanc est très-apercevable
pendant le repas, surtout lorsque le cheval
mange l'avoine ; il diminue après la digestion,
et devient quelquefois difficile à reconnaître ;
le foin augmente l'oppression, tandis que
l'usage modéré de l'avoine et de la bonne
paille, retarde la marche de la pousse et paraît
moins fatiguer les organes de la circulation et
de la respiration ; les mauvais alimens pro-

duisent en lui les mêmes effets que le foin. Nous n'avons pas remarqué que la boisson rendît la respiration plus laborieuse que les alimens solides.

La copulation lui coûtait prodigieusement : aucun propriétaire n'a voulu le choisir pendant l'été, tant le désordre de sa respiration était apparent ; dans l'hiver de 1810, il a sailli sans succès, à trois reprises, une jument, mais toujours avec une très-grande difficulté ; au moment où il s'élevait sur la femelle, ses organes génitaux tombaient subitement dans un état d'inertie et d'impuissance, effets qu'on ne pouvait attribuer, dans cette circonstance, qu'au trouble du cœur et des poumons ; dans cette attitude, il présentait tous les signes d'une asphyxie très-prochaine, tels que yeux remplis de larmes, sortant des orbites et roulant avec effort ; paupières tuméfiées ; conjonctive remplie de sang noir ; bouche ouverte, d'un aspect bleuâtre ; lèvres et langue violettes, volumineuses, pendantes, chargées de baves épaisses et filantes ; naseaux dilatés outre mesure ; membrane nasale livide, tuméfiée, et d'une couleur très-foncée en noir ; respiration bruyante, très-pénible ; côtes soulevées

constamment; espaces intercostaux très-écartés
et laissant apercevoir la contraction irrégulière
opposée des deux plans de fibres musculaires;
soubresaut très-violent, durant lequel on distinguait très-bien les attaches digitées des muscles expirateurs, tant leurs contractions étaient
étendues et prolongées ; inspiration haute et
sublime. Pendant toute la durée de ces mouvemens désordonnés , le sultan prenait une
station particulière et gardait un repos absolu ;
il écartait ses membres, surtout les antérieurs;
sa tête était basse; l'encolure tendue, dirigée
vers la terre : ce trouble durait ordinairement
quinze à vingt minutes ; on était souvent forcé
de le reconduire , sans que le coït eût été
effectué.

Nous croyons devoir réunir dans le cadre
suivant les symptômes les plus frappans de la
maladie de cet étalon ; ils ont été recueillis
avec une attention toute particulière et un
grand nombre de fois pendant qu'il était en
repos.

Naseaux dilatés habituellement , ailes internes relevées avec force et produisant sur le
bout du nez deux ou trois replis ou sillons
longitudinaux ; hennissement très-rare, pé-

nible, sourd, comparable à un commencement de mutisme.

Membrane muqueuse du nez, des gencives, des lèvres, de la langue, du palais, d'un rouge affaibli tirant sur le violet, devenait bleuâtre lorsque la respiration est accélérée par une cause quelconque.

Toux sèche, quinteuse, obscure, sans rappel, terminée par une sorte de gémissement aigu ; pouls lent, irrégulier, artère pleine ; battemens du cœur peu sensibles à la main, paraissant doubles, presque simultanés à l'oreille, le premier battement plus fort que le second ; le bruit qui naît de ces mouvemens est difficile à rendre. La comparaison faite sur des chevaux vigoureux et sains, nous a donné des résultats différens : respiration habituellement ailée, sublime, plus laborieuse pendant le repas, oppressive pendant les grandes chaleurs ; espaces intercostaux étendus et très-marqués, ce qui a fait dire à certains auteurs que les mouvemens du flanc se remarquaient jusqu'à la croupe ; attaches digitées des muscles rendues sensibles par leurs contractions irrégulières ; côtes relevées avec force, leur trajet bien apparent, elles restent soule-

vées, même pendant l'expiration, qu'on n'aperçoit distinctement que sur les parois musculeuses de l'abdomen ; inspiration traînante ,
faite en deux temps à son déclin et suivie de
soubresaut. Bourgelat place ce mouvement
convulsif au commencement de l'expiration ,
ce qui n'établit à nos yeux aucune différence ;
enfin, pour donner, s'il est possible, une image
plus exacte de ce mode de respiration du cheval poussif, il semble que les puissances musculaires cessent d'agir simultanément, qu'elles
éprouvent des contractions partielles, et que
leur énergie ordinaire ne soit pas suffisante ,
tant l'animal cherche à réunir ses forces par
l'accomplissement de cette fonction.

Le 27 septembre 1811, d'après l'autorisation
de Son Excellence le Ministre de l'intérieur,
M. Chabert décide que le sultan sera soumis à
des expériences, à la suite desquelles il sera
sacrifié ; nous présentons un plan de recherches, il est agréé par le Directeur de l'Ecole ;
au moment de son exécution, un obstacle survient et nous laisse le regret de ne pouvoir
rendre les élèves témoins de plusieurs faits
très-propres à leur laisser une idée exacte des

altérations que le sang éprouve dans les organes pulmonaires, lorsque le cœur est malade.

Il importait de revoir les recherches antérieures de MM. Dupuytren et Dupuy, dont les résultats sommaires étaient que la compression ou la section des nerfs de la huitième paire produisaient plusieurs symptômes propres au cornage et à la pousse : les étalons, le sultan et l'éléphant nous offraient, dans cette circonstance, une comparaison utile à établir, mais un ordre supérieur suspendit nos recherches à peine commencées, et une seule observation, peut-être trop précipitée, nous a été offerte.

La voici avec toutes ses circonstances : Il s'agissait de prouver, 1° que l'hématose n'avait pas lieu dans les poumons, lorsqu'une affection organique du cœur dérangeait la circulation ; 2° que la respiration ne devenait laborieuse et pénible dans la pousse, qu'autant que le cœur n'envoyait ni ne recevait dans la même proportion le fluide sanguin ; d'où on devait conclure que l'engorgement du poumon est une suite et non la cause de la pousse ; que son véritable siége est dans le cœur ; que l'affaiblissement du cheval poussif, à la suite d'un travail soutenu, ne pouvait s'attribuer qu'au défaut d'hématose.

Pour arriver à la solution de ce problème, nous avions imaginé deux expériences : dans la première, le sultan fut soumis pendant une demi-heure, à une course rapide dans la cour de l'Ecole ; deux ligatures d'attente placées sur l'artère temporale, nous permirent de tirer du sang au moment même où la respiration et la circulation s'exécutaient avec la plus grande gêne ; il resta constant que le fluide artériel qui sortait dans cette circonstance était noirâtre, moins chaud, moins coagulable, tandis que le sang du même animal, qu'on avait obtenu par la même voie, avant sa course ou après un repos d'une demi-heure, était rouge, d'une température élevée et très-coagulable : cette expérience n'est restée incomplète qu'en ce que nous n'avons pas eu la faculté de la répéter plusieurs fois.

La deuxième expérience n'a pas eu lieu ; elle devait succéder à la première et y ajouter un nouvel intérêt. Nous nous proposions de porter un œil attentif sur le lobe droit du poumon et sur le diaphragme, mis à découvert par un procédé simple et rapide, au moment même où le sultan éprouverait la plus grande difficulté de respirer, à la suite d'une course véhémente, tandis qu'après une demi-heure de repos, nous aurions découvert le côté gauche du thorax et comparé les deux lobes pulmonaires entre eux ; alors, s'il avait été reconnu que, pendant la course, le poumon s'engorgeait, que, par le repos, le fluide sanguin cessait de s'accumuler dans cet organe et se distribuait également dans l'appareil circulatoire, n'aurions-nous pas démontré d'une manière positive que c'était à l'affection organique du cœur, bien constatée ensuite par l'ouverture du sultan, qu'on devait rapporter la gêne de la respiration du cheval poussif, ainsi que tous les symptômes propres à cette maladie ; de là une explication vraie de la nature, du siége et du traitement de cette affection.

Il importait que cette expérience fût répétée sur deux étalons poussifs, le coceyre et le turkman, dont l'histoire et les progrès de la maladie nous étaient bien connus, ayant eu occasion de recueillir des observations importantes sur ces deux chevaux poussifs décédés, lorsqu'ils faisaient partie du haras d'Alfort: notre prière ne fut pas entendue.

N'ayant pas eu la faculté de soumettre le sultan à des expériences, il a été donné aux élèves pour servir à leur instruction : cet animal a succombé le lendemain, à la suite des opérations pratiquées sur lui ; il a été ouvert avec tout le soin possible, et nous avons noté les faits suivans :

Cavité abdominale.

Les organes digestifs, urinaires, génitaux en bon état, si on excepte une hernie intestinale par l'anneau spermatique qui a succédé aux opérations pratiquées, surtout à celle de la castration : il faut aussi noter que les testicules étaient très-petits.

Cavité thorachique.

Poumons pâles ; le lobe gauche présentant plusieurs points d'induration dans son tissu parenchymateux, principalement à l'endroit qui touche au péricarde ; portion diaphragmatique du lobe droit, crépitante et dilatée par des molécules d'air accumulées sous la plèvre.

Ganglions lymphatiques placés à la bifurcation des lobes pulmonaires, durs à la circonférence, ramollis dans leur centre par un fluide roussâtre.

Péricarde très-spacieux, mais sain.

Cœur très-volumineux ; capacité très-différente des cavités droite et gauche ; la mesure exacte de l'oreillette et du ventricule droits, ayant donné le double d'étendue de celle du côté gauche.

La paroi interne et musculeuse de l'oreillette droite très-amincie, dure, très-dilatée et garnie de grandes taches fibro-cartilagineuses ; même altération des parois externe et interne du ventricule droit ; également dilatés au-delà des proportions ordinaires ; cavités auriculo - ventriculaires gauches ou artérielles, très - retrécies , très-épaisses ; transformation fibro - cartilagineuse de leurs brides charnues et des valvules , dont la pâleur et l'épaisseur sont remarquables.

Les nerfs pneumo-gastriques , les plexus thorachiques paraissent sains ; le diaphragme n'offre rien de particulier.

Le cerveau, le cervelet, les cavités nasales, les voies aériennes n'offrent aucune remarque.

CONCLUSIONS.

D'APRÈS nos recherches et nos observations, nous nous croyons fondés à regarder la pousse comme une maladie organique du cœur, affection qui entraîne consécutivement, dans quelques sujets, une altération matérielle du tissu pulmonaire. La pousse, suivant nous, n'est pas curable lorsqu'elle est confirmée ; le régime et les médicamens indiqués peuvent bien en suspendre les progrès et en rendre moins palpables les symptômes dans le premier état de la maladie : ces motifs doivent la maintenir au rang des cas rédhibitoires, quoiqu'on ne puisse pourtant la considérer comme maladie occulte : elle est acquise ou héréditaire ; elle est acquise, si elle est produite par un travail excessif, par une nourriture trop abondante et surtout trop succulente, par une constitution éminemment sanguine, par de violentes contractions musculaires ; elle est héréditaire , suivant nous ; du moins quelques observations et expériences faites lorsque la direction du haras d'Alfort nous était confiée, tendent à nous donner cette opinion. En général, .ce sont les chevaux grands mangeurs et bons travailleurs , d'un tempérament sanguin, qui sont plus exposés à la pousse ; tandis que les sujets faibles et petits mangeurs en sont rarement atteints.

Les hommes peu observateurs ou peu exercés confondent les symptômes propres à la pousse avec ceux de plusieurs affections, et plus particulièrement ceux de l'ancienne courbature; ils commettent la même erreur en examinant les flancs de jeunes chevaux soumis à un régime échauffant, mais les hommes de l'art ne font pas cette méprise : je suis disposé à croire que c'est une erreur semblable qui fait citer, par certains auteurs, des exemples de guérison de la pousse , quoique les moyens de curation soient absolument opposés. Le signe caractéristique de la pousse est le soubresaut : il n'accompagne jamais les autres altérations du flanc ; le régime et les médicamens peuvent bien le modifier, mais jamais le faire disparaître.

La pousse a différens degrés : dans le principe, elle demande un œil exercé pour être reconnue ; elle n'exige pas la même attention, lorsqu'elle est arrivée au deuxième, et surtout au troisième degrés. Un cheval poussif nourri à la paille et à l'avoine, appliqué à un travail doux (celui de la culture), est susceptible de vivre long-temps ; tandis qu'un travail excessif, surtout une allure rapide, les grandes chaleurs, enfin, tout ce qui porte un trouble manifeste dans la circulation , accélèrent la marche de la maladie et font souvent périr l'animal. Nous terminerons cet article par l'exposé de la méthode que nous suivons dans l'examen du cheval poussif, lorsque les symptômes ne sont pas prononcés et que la question est douteuse, surtout dans le cas de rapport juridique : avant de procéder à l'examen du cheval, nous nous assurons qu'il ne nous est pas présenté au moment de la digestion, ou à la suite d'une course véhémente, et qu'enfin son régime ordinaire n'a pas été dérangé, circonstances qui décident quelquefois à faire mettre l'animal en fourrière, lorsqu'on soupçonne de la ruse ; afin de porter un jugement plus certain, on le place dans un repos complet, durant au moins deux heures, et ou procède ensuite à la recherche des signes propres à la pousse. Si le cheval, placé dans le repos et dans un lieu d'une température douce, présente une respiration un peu ailée ou sublime, si les espaces intercostaux sont sensibles, si les ailes du nez sont contractées et plissées, si, à la fin de l'inspiration ou au commencement de l'expiration, le soubresaut est apercevable, le cheval est poussif; et, pour obtenir une confirmation plus exacte de l'existence de la pousse, il faudra le soumettre à deux autres épreuves. Nous devons bien observer que, dans le premier état de la maladie, le soubresaut n'est pas toujours sensible à chaque temps de la respiration, et que souvent il ne se reproduit qu'après quatre à cinq inspirations, surtout dans le repos.

La deuxième épreuve consiste à sortir l'animal de l'état de repos et à le faire trotter une demi-heure : ce changement d'état amène un grand trouble dans la respiration et la circulation; l'animal arrêté brusquement après cette course, et au moment même du plus grand désordre de ses fonctions, laisse bien apercevoir les symptômes de la pousse, si elle existe.

La troisième et dernière épreuve est décisive : elle consiste à donner l'avoine au cheval, dans les premières minutes qui suivent
la deuxième épreuve; alors, l'action de manger
porte au dernier degré de trouble la circulation
et la respiration; et, si le cheval est poussif, n'importe à quel degré, le soubresaut dont nous avons
parlé se fait apercevoir d'une manière plus ou
moins sensible, suivant l'état de la maladie ;
l'artiste, pour mieux saisir ce mouvement particulier du flanc, se place dans la direction de
la lumière, et en arrière du cheval ; en pre-
nant une autre position, il verra avec moins
de facilité et s'exposera à porter un faux jugement : le moyen aussi de bien voir, c'est de
ne pas se prononcer avant d'avoir bien vu,
et surtout avant d'avoir fait les épreuves indiquées.

Du Cornage, ou Sifflage.

Nous appellons cornage, sifflage ou halley,
un bruit plus ou moins éclatant qu'un animal
mal conformé, ou affecté de certaines maladies, fait entendre toutes les fois que sa respi-

ration est troublée, précipitée ou gênée par une cause quelconque. On croirait peut-être que le mot *cornage* caractérise une espèce distincte de maladie, ou une affection idio-pathique, tandis qu'il n'est réellement qu'un symptôme de plusieurs vices de conformation et d'une foule d'affections de la tête, de l'en-colure et du thorax, essentiellement différentes entre elles. On peut ranger dans trois séries toutes les causes originelles et maladives qui peuvent produire le cornage.

Première Série.

Les vices de conformation des voies aérien-nes, l'étroitesse remarquable des cavités nasales, du larynx; l'aplatissement des os de la tête, sur-tout sur les faces chanfrines; une disposition contre nature, ou une faiblesse originelle du voile du palais, de la glotte, de l'épiglotte; la mollesse, le peu de diamètre de la trachée et des bronches; une fausse position ou un dépla-cement contre nature des cercles cartilagineux de la trachée (il en existe trois exemples au cabinet de pathologie d'Alfort); une ganache étroite; une position de la tête et de l'encolure qui gêne les mouvemens du larynx (dans les chevaux qui s'encapuchonnent); une poitrine étroite, faible; une ampleur trop démesurée du ventre; une débilité générale des organes respirateurs, qui disposent les chevaux à être souffleurs ou gros d'haleine, tels sont les vices de conformation qui produisent souvent le cornage, sans qu'il y ait véritablement altération physique et matérielle des tissus; quelquefois des harnais trop justes ou mal appliqués, une sous-gorge de bride trop serrée, font naître une sorte de cornage : il importe de ne pas le confondre avec celui qui est déterminé par des maladies ou des vices de conformation ; et, dans ce cas, on évite une telle méprise, en examinant l'animal nu ou débarrassé de ses harnais. Le cornage qui est dû aux causes de cette première série est presque toujours incurable : nous exceptons toutefois de cette règle celui qui serait dû à une faiblesse originelle des tissus, ou à une fausse position de la tête : le feu, appliqué suivant les principes, guérit bien dans le premier cas, et, dans le deuxième, on emploie les moyens propres à faire changer la fausse position de la tête.

Deuxième Série.

La deuxième série des causes du cornage se compose des affections organiques et chroniques des voies aériennes , sans dérangement bien sensible de la santé lorsque l'animal est en repos : dans tous ces cas , comme dans les vices de conformation déjà cités , il faut ordinairement que l'animal soit soumis à des travaux pénibles , à des courses rapides pendant une demi-heure , même une heure , pour qu'on puisse entendre le bruit ou sifflement particulier qui constitue le cornage , et ce n'est qu'alors qu'il doit être placé dans les cas rédhibitoires comme vice caché ou comme maladie occulte qu'on ne pourrait pas toujours distinguer facilement, puisque, dans un grand nombre de foires ou de marchés de chevaux, on n'a qu'un instant pour jeter un coup d'œil, avant d'en faire l'acquisition : c'est ce motif très-sage qui a décidé à maintenir, dans les cas rédhibitoires, plusieurs maladies qu'on ne peut pas regarder comme latentes. Nous ne pensons pas, toutefois, que la faculté rédhibitive doive être étendue à l'acheteur d'un cheval cornard,

lorsqu'il est affecté d'une maladie aiguë, inflammatoire, puisque, dans ce cas, le cornage
n'est qu'un symptôme de la maladie primitive, qui ne permet pas qu'on expose en vente
l'animal qui en est attaqué, et que cette espèce
de cornage disparaît avec l'affection qui l'avait
produit.

La deuxième série des causes du cornage est
donc composée des cas pathologiques suivans :
une tumeur osseuse qui exhubère dans l'intérieur des cavités nasales, sans laisser de traces
sensibles à l'extérieur ; des corps étrangers de
formes et de substances différentes, retenus
depuis long-temps dans les cavités nasales,
dans la trachée et les bronches ; telles sont les
portions d'étoupes, de vieux linge, d'éponges
que les maquignons introduisent dans l'une
des cavités nasales d'un cheval jeteur ou sus-
pecté de morve, lorsqu'ils ont l'envie de le
vendre. J'ai vu une dent molaire refoulée dans
le sinus maxillaire, fixée ensuite dans l'épaisseur de la cloison cartilagineuse du nez ; j'ai
vu, dis-je, cette dent, ainsi déplacée, produire
le cornage, en s'opposant au libre passage de
l'air atmosphérique.

Je place aussi dans la deuxième série les tumeurs polypeuses , sarcomateuses des cavités nasales, du voile du palais, de la trachée et des bronches. Une jument affectée du cornage, au plus haut degré, a été ouverte en 1812 à l'Ecole d'Alfort, en présence des professeurs et des élèves : une tumeur cancéreuse du poids de trois kilogrammes cinq hectog., occupait la division des bronches, comprimait fortement la partie antérieure du thorax, embrassait les deux carotides auxquelles elle avait fait perdre, ainsi qu'à la trachée, les deux tiers de leur diamètre ordinaire; le cœur lui-même, déplacé et porté entièrement à droite, était refoulé, ainsi que le poumon, vers la région diaphragme; le trot, pendant quelques minutes, produisait, dans cette jument, le cornage le plus éclatant que j'aie jamais pu entendre, et tous les symptômes prochains de l'asphyxie. Je range également dans cette classe l'induration des glandes thyroïdes, la chute du voile du palais, l'engorgement et la replétion des poches gutturales, l'induration de la membrane muqueuse qui tapisse le larynx, l'ossification de ce dernier, la présence d'une portion d'anneau cartilagineux de la trachée qui reste suspendu dans l'intérieur de ce conduit, à la suite de la

trachée-otomie faite par une main ignorante ;
j'y place aussi les tumeurs du conduit aérien
et des bronches, comme le prouve l'ouverture
citée plus haut. J'ai été témoin d'un autre fait,
non moins remarquable : un cheval cornard,
mort aux hôpitaux d'Alfort en 1809, à la suite
d'une affection de poitrine consécutive, a présenté l'observation suivante à son ouverture :
une tumeur sarcomateuse du volume d'un œuf
de poule oblitérait l'artère pulmonaire droite,
de manière que l'hématose et la respiration ne
s'accomplissaient que dans un lobe du poumon, tandis que l'autre restait atrophié et sans
action.

Il importe beaucoup, dans la pratique, de
faire ces distinctions des différentes sortes de
cornage, afin de ne pas donner inutilement
des soins aux animaux incurables.

Troisième Série.

Cette dernière classe des causes du cornage
appartient entièrement aux affections aiguës et
inflammatoires des conduits de la respiration,
et c'est dans ce cas surtout qu'il doit être considéré comme symptôme et non comme ma-

ladie : les animaux affectés de cette espèce de cornage ne peuvent être soumis aux lois de la garantie, tant les signes du dérangement de la santé sont palpables : ce cornage ne subsiste pas plus long-temps que l'affection qui lui a donné naissance, et, sous ce double rapport, l'acheteur ne peut arguer de fraudes contre le vendeur. Les catarrhes aigus du nez, du voile du palais, les angines internes et quelquefois les externes, les engorgemens très-considérables de l'auge dans les gourmes et fausses gourmes, les péripneumonies, les catarrhes pulmonaires, quelques pleurésies sont accompagnés assez souvent de ce bruit ou sifflement de la respiration qu'on appelle cornage ; l'intensité des symptômes, le dérangement très-sensible de toutes les fonctions importantes ne permettent pas de confondre cette espèce de cornage avec celui que nous avons décrit dans les deux premières séries. Nous avons cru ces distinctions indispensables à l'histoire raisonnée du cornage, que nous terminerons par une observation faite sur un étalon du haras d'Alfort, affecté de cette maladie au plus haut degré.

Dans le compte que nous avions rendu en

1809 de la situation du haras, nous avions signalé l'étalon l'éléphant comme un animal sans énergie, mal conformé ; nous le déclarions issu du croissement d'étalons danois avec des jumens normandes, souche d'où sont sortis tous ces chevaux sans vigueur, à nuque déprimée, à formes décousues, à constitution lâche et molle, si disposés aux affections chroniques presque inconnues, dit-on, en Normandie avant 1764, époque de l'arrivée des étalons danois dans cette partie de la France : on éprouve encore aujourd'hui les funestes effets de cette introduction.

Depuis son arrivée à Alfort jusqu'à sa mort, l'éléphant n'a donné qu'une idée défavorable de sa vigueur et de son tempérament : triste habituellement, petit mangeur, se nourrissant mal, soutenant avec peine l'exercice le plus doux, impropre au service de la monte, n'éprouvant pas même le désir de s'accoupler avec les jumens, il a souvent fallu recourir aux stimulans pour lui faire saillir quelques femelles qu'il n'a point fécondées.

J'avais distingué à son arrivée la cause essentielle de son cornage, on n'a donc pas eu recours aux médicamens pour combattre sa maladie. Le directeur de l'Ecole a ordonné l'application du cautère actuel (le feu) sur le larynx et la trachée, moyen qui n'a produit aucun changement avantageux : le feu n'était pas ordonné dans l'espérance de guérir, mais comme un tonique puissant et capable d'augmenter l'action des tissus. Il faut noter que l'éléphant boitait habituellement du pied droit antérieur, et que, lorsqu'il travaillait, il était souvent pris des quatre membres à la fois.

Nous avions l'intention de soumettre l'éléphant à des expériences, et de vérifier des faits importans en présence des élèves d'Alfort; cette faculté nous a été refusée. C'est surtout aux hommes qui tiennent dans leurs mains ce bel et utile établissement, qu'on peut adresser ce passage du célèbre Vicq-d'Azir : « Ceux qui « travaillent avec courage à l'édifice des scien- « ces, peuvent-ils donc ignorer qu'il y a une « classe d'hommes uniquement occupée à dé- « truire, qui mettent toute leur gloire à trou- « bler celle des autres, toute leur jouissance à « les affliger, toute leur adresse à les dis- « traire. »

L'éléphant a été tué le 27 septembre 1811,

et nous avons recueilli les observations suivantes :

Les viscères renfermés dans le crâne, le thorax et l'abdomen n'ont rien offert de remarquable ; ils étaient sains , seulement la fibre
musculaire était molle , moins rouge , moins
contractile que dans d'autres sujets.

Le testicule gauche était affecté d'un principe de sarcocèle.

La membrane muqueuse du voile du pa-
lais, de la trachée et des bronches était pâle et
recouverte d'un mucus épais et gluant.

Les causes du cornage résidaient dans l'aplatissement considérable des cavités nasales, dans
l'étroitesse et l'immobilité très-distinctes des
pièces cartilagineuses du larynx, qui n'offrait
pas plus d'un centimètre de largeur d'un ari-
thénoïde à l'autre : cette conformation vicieuse
explique pourquoi le travail le plus modéré
devenait si pénible pour cet étalon : cet obstacle insurmontable à l'entrée de la colonne
d'air atmosphérique dans le poumon, l'induration très-sensible de la membrane muqueuse
du larynx, le resserrement des cavités nasales
porté au point qu'on ne pouvait y engager
les barbes d'une plume à écrire, expliquent la

lenteur de toutes les fonctions qui présidaient à l'entretien de la vie de cet animal, dont l'existence était un état habituel de douleur.

En examinant le pied dont il boitait, nous avons reconnu à la partie antérieure et inférieure de l'os dit *dernier phalangien*, une tumeur osseuse de la grosseur d'une noix, qui n'était point sensible à la face externe du sabot.

Du Feu, ou *Cautère actuel.*

LES vétérinaires n'ont pas à craindre les effets de l'imagination de leurs malades; ils ne sont pas tourmentés d'avance par leurs cris et leurs angoisses, au seul aspect des préparatifs nécessaires à une opération grave; ils ne sont pas arrêtés par les mêmes motifs que les chirurgiens; aussi font-ils un usage fréquent du feu, cet agent aussi prompt qu'énergique, le seul qu'on puisse souvent opposer avec succès à une multitude de maladies dans lesquelles toutes les autres ressources de la médecine et de la chirurgie sont impuissantes. C'est bien surtout aux vétérinaires que s'adresse cette belle sentence du Père de la médecine : « *Ea* « *insanabilia sunt quod ferrum et ignis non* « *curant.* » Loin de mériter le reproche de timidité qu'on fait à la médecine humaine, la chirurgie vétérinaire pourrait plutôt craindre de se voir taxée de témérité, par l'emploi fréquent du feu, si des succès presque constans ne justifiaient cette pratique lorsqu'elle est éclairée par l'expérience et une sage théorie.

On peut réduire aux principes généraux suivans les différentes indications du feu :

1° On l'applique comme un préservatif de maladies ; il porte, dans ce cas, le nom de *feu de précaution :* cette pratique est très-ancienne, et tout annonce qu'elle nous vient de l'Arabie, où elle paraît encore aujourd'hui généralement répandue. Les chevaux extraits de ces contrées, même de nos jours, portent tous des empreintes du feu de précaution ou de préservation : c'est dans ces vues que les pointes et les raies de feu sont placées sur les régions du corps de l'animal qui sont le plus exposées aux maladies. Les Arabes, n'employant leurs chevaux qu'au service de la selle, cautérisent le plus ordinairement le garot, les jambes, les parotides, régions du corps sans doute plus particulièrement atteintes dans ces contrées de lésions produites par ce genre de travail : c'est ainsi que les organes fortifiés par ce mode d'intromission du calorique, résistent plus long-temps à la fatigue et aux influences maladives.

Il n'y a pas un demi-siècle que cette saine théorie était adoptée en Europe, surtout en France, où les écuyers des rois et des princes avaient la louable habitude de faire appliquer le feu de précaution aux jambes des jeunes chevaux pour assurer leurs articulations, rendre leurs mouvemens plus sûrs, je dirai même plus libres. Il serait sans doute difficile d'expliquer aujourd'hui les motifs d'abandon de cette pratique utile, à moins de les chercher dans les caprices de la mode et dans le désir de jouir trop promptement de toutes les choses qui sont à notre disposition.

On peut, sous quelques points de vue, rapporter à ce premier emploi du cautère actuel, l'habitude de marquer au fer chaud les divers animaux domestiques sortis des souches les plus distinguées, et voilà probablement pourquoi, dans les haras célèbres, tout en cherchant à imprimer aux chevaux qu'on y élève une marque indélébile qui atteste leur origine, on place de préférence le chiffre, le médaillon sur les cuisses, les épaules, la tête, ces centres principaux des mouvemens locomoteurs : on pourrait pourtant croire aussi que ces surfaces du corps étant plus visibles, sont choisies de préférence.

2° On use également du cautère actuel lorsqu'on veut empêcher le retour de certaines maladies provoquées par une faiblesse organique ; voilà le but que se propose le vétérinaire, lorsque, dans l'intervalle des paroxismes, il trace trois ou quatre raies de feu autour des paupières et des yeux qui viennent d'être affectés, soit de la fluxion périodique, soit de l'hydropisie du bulbe de l'œil, après toutefois que la ponction a été faite dans ce dernier cas. Des praticiens célèbres se louent de l'emploi du feu appliqué sur diverses régions du corps, pour prévenir le retour de certaines névroses. Il n'y a que quelques mois que j'ai sauvé un poulain de la plus jolie tournure ; il avait des convulsions depuis vingt-quatre heures qui faisaient craindre sa mort à chaque minute : l'amputation de trois os de la queue, la cautérisation du bout du tronçon avec un fer chauffé à blanc, firent disparaître les convulsions comme par enchantement et sans retour. Je me suis servi avec le même succès du cautère actuel dans les rhumatismes anciens ou chroniques; car ce moyen est nuisible et même dangereux dans les affections rhumatismales aiguës, en exaltant les propriétés vitales, surtout la sensibilité.

Le feu est indiqué dans l'épilepsie sans lésions organiques, et dans quelques paralysies causées par la diminution de sensibilité des organes locomateurs, en particulier de ceux des reins et des membres; le feu est nuisible dans les paralysies produites par l'exaltation des propriétés vitales, surtout dans le principe de la maladie.

C'est sans doute dans la même intention que quelques praticiens empiriques se servaient de la clef de saint Hubert pour cautériser les animaux domestiques et surtout le chien, afin de prévenir par la suite le développement du virus rabifique : je me dispense de dire pourquoi l'expérience et la raison ont banni ce préjugé.

3° Le calorique porté dans les organes au moyen du cautère actuel est le plus puissant tonique, l'excitant par excellence : dans le relâchement du palais, dans la chute du rectum, du vagin, du pœnis, dans la paralysie de la vessie, de grandes raies de feu parsemées de pointes, soit sur le contour des ischions, soit sur les pubis, sont suivies d'un grand succès. Si une articulation a été ébranlée par un effort considérable, par un choc quelconque, le feu, appliqué lorsque les symptômes inflammatoires sont dissipés, redonne promptement aux capsules synoviales, aux ligamens, aux tendons le degré de tonicité convenable et rétablit le mouvement. J'ai de nombreuses preuves que le feu appliqué dans les mêmes affections, avant qu'on ait diminué la douleur et l'inflammation, produit les effets les plus fâcheux, les plus opposés à ceux qu'on attendait. Cette observation regarde surtout les jeunes praticiens, dont les fautes sont toujours exagérées aux yeux du public et nuisibles à leur réputation.

Le feu est le meilleur moyen de parer aux suites des distensions des muscles et des luxations : c'est surtout dans ce dernier cas qu'on doit attendre pour son application, que la réduction soit faite et que les symptômes les plus marquans de douleur et d'inflammation soient diminués ou appaisés. Lorsque la luxation est ancienne et que la réduction ne peut plus se faire, le feu, appliqué sur la partie luxée, redonne aux tissus et aux muscles le degré désirable de tonicité et favorise le mouvement : il se forme souvent dans ce cas une cavité artificielle, et l'animal peut rendre encore des services. J'ai vu céder à l'action du cautère actuel plusieurs claudications anciennes, surtout celles qui sont le résultat de la faiblesse des organes et qui prennent le caractère rhumatismal, ce qu'on reconnaît bien, lorsque, dans les changemens de constitution atmosphérique, la claudication varie d'intensité.

Un cheval dont les articulations sont fatiguées, ruinées, engorgées, œdémateuses, retrouve bientôt son ancienne vigueur, ses aplombs, sa souplesse, si des raies ou des pointes de feu tracées par une main habile sur ces organes affaiblis, viennent solliciter puissamment l'action des solides et rappeler les propriétés vitales à leur rhythme naturel. Quelques praticiens non physiologistes, pour expliquer ces effets du feu, disent qu'il re-

trempe les articulations, pensant qu'il augmente la densité des solides : cette expression
incorrecte donne une fausse idée de l'action du
feu sur les tissus des animaux.

4° Le calorique porté dans les organes par
le moyen de la cautérisation est aussi le plus
puissant des résolutifs ; il rétablit l'action du
système absorbant et devient le moyen curatif
à préférer dans les épanchemens séreux, les
œdèmes, les hydropisies partielles ou générales, si elles ne reconnaissent pour cause que
l'atonie du système absorbant, si les fluides
épanchés n'ont pas perdu leurs propriétés et
leurs qualités physiques, si enfin ils peuvent
être reportés dans la circulation. J'ai vu deux
hydrothorax, suites de pleurésies, et une ascite
sans lésions organiques, radicalement guéris
par des raies de feu tracées sur les muscles intercostaux et abdominaux.

Les hydropisies des articulations, si fréquentes
dans le cheval, les mollettes, les vessigons et
leurs diverses variétés, quelque étendus et
anciens qu'ils soient, ne sont pas combattus
par d'autres moyens : on cite un petit nombre
de cas où le feu n'a point produit l'effet désiré. Le cautère actuel est également employé

contre les tumeurs blanches des articulations, maladies si fréquentes dans le bœuf et le cheval : on peut désespérer de la cure de cette affection lorsque les raies ou les pointes de feu sont restées sans effet avantageux, ce qui annonce l'altération complète des tissus. Je dois toutefois observer que ce n'est qu'à la fin des deux premiers mois qui suivent l'application du feu, qu'on reconnaît ses bons effets : ils sont plus lents, s'il est mis dans une saison humide et froide.

5° Le cautère actuel n'est pas toujours considéré comme tonique, comme résolutif, comme stimulant; on le regarde encore, avec raison, comme un escarrotique des plus rapides et des plus énergiques ; les caries des os, surtout celles des spongieux, si lentes à se borner, si rapides, si graves dans leurs progrès, trouvent dans l'effet escarrotique du cautère le meilleur moyen de guérison ; le vétérinaire se sert presque exclusivement du feu dans ces cas pathologiques, et toujours avec plus de succès que s'il employait les caustiques solides ou liquides. On a beaucoup vanté les effets de l'ammoniaque contre le venin de la vipère et autres animaux vénéneux, mais si ou veut détruire promptement et sûrement les virus et les levains contagieux déposés dans les organes par des animaux enragés, venimeux ou nuisibles, on a recours au cautère actuel; un morceau de fer ou d'acier chauffé jusqu'à l'incandescence, et porté au fond et sur toute la surface de ces sortes de plaies, est le moyen le plus propre pour annuler le virus et le neutraliser en détruisant les fibres qui en étaient imprégnées. Un grand nombre d'exemples prouve que c'est le traitement préservatif le plus assuré contre la rage ; je dis traitement préservatif et non pas curatif, car je ne crois pas qu'on puisse guérir un hydrophobe, et tout ce qu'on a dit à cet égard dans les journaux et dans les livres est un roman en contradiction manifeste avec l'observation et l'expérience.

Lorsque des tumeurs sont froides, indolentes, que les propriétés vitales des parties affectées sont tellement affaiblies qu'on ne peut attendre ni la résolusion, ni une suppuration louable qui dégorgent les tissus, des pointes ou des raies de feu tracées sur la tumeur, ou même la pénétrant dans différens endroits, produisent un changement très-salutaire et très-rapide, en réveillant la sensibilité des organes et en déterminant une bonne et abondante suppuration ; quelquefois on ajoute à l'activité de ces moyens, en ouvrant le centre de ces tumeurs avec un cautère tranchant chauffé jusqu'à l'incandescence, surtout lorsqu'elles tendent au carcinome et à l'état cancéreux : dans ces cas, il ne faut borner les effets du cautère que lorsqu'il a charbonné complètement les tissus qui offrent cette dégénérescence cancéreuse. Si on veut obtenir une cure radicale et éviter une récidive dans ces maladies, on ne doit point hésiter d'enlever avec le bistouri et de détruire avec le cautère jusqu'au plus petit noyau de la maladie ; il est même souvent nécessaire d'entamer d'une ligne ou deux la partie saine pour éviter plus sûrement la reproduction de la tumeur.

Les mêmes principes que nous venons d'établir pour la guérison des tumeurs froides, dures, indolentes, cancéreuses, s'appliquent aussi au traitement des ulcères atoniques, des ulcères farcineux, écrouelleux ; la cautérisation est le meilleur moyen de changer l'état de la partie et d'opérer la cicatrisation ; l'extirpation complète des boutons farcineux et la cautérisation profonde de leurs radicules , l'usage des sudorifiques , un travail soutenu , mais doux , le pansement de la main sont les moyens à employer dans les maladies farcineuses.

Les polipes du rectum , du vagin , des cavités nasales , etc. , sont traités et guéris par le feu avec le même succès : on procède d'abord par leur extirpation , par leur excision ; puis , au moyen du cautère à entonnoir , on attaque leurs racines ou radicules , afin d'en opérer la destruction complète.

Dans quelques pays , au lieu de faire la castration comme elle se pratique ordinairement sur les grands animaux adultes , par ligature , par billots ou casseaux , par bistournage , etc. , des praticiens se contentent d'appliquer une pointe de feu sur l'ouverture de l'artère spermatique , après l'excision du testicule : cette pratique n'est pas exempte d'accidens , et n'est admise que pour des animaux peu irritables ; du moins , les divers essais de ce genre qui ont eu lieu à Alfort par des hommes très-exercés ont donné cette opinion.

Dans l'amputation de la queue des grands quadrupèdes domestiques , surtout du cheval , on arrête l'hémorragie des artères sacro-coxigiennes avec le cautère annulaire (en forme d'anneau), qu'on chauffe à blanc et qu'on applique sur le tronçon ou moignon jusqu'à ce qu'on ait produit une escarrhe assez épaisse pour boucher les ouvertures des vaisseaux et arrêter l'hémorragie : on doit avoir soin, dans ce cas, de ne pas cautériser l'os de la queue mis à nu par l'opération, ce qui rendrait la cicatrisation plus lente et plus difficile.

On use également du cautère chauffé à blanc pour arrêter les hémorragies des artères capillaires, de celles qui sont logées dans des scissures, des gouttières ; enfin, de toutes celles dont on ne peut faire la ligature, car autrement on doit préférer ce dernier moyen à la cautérisation, surtout à la compression, pratique ordinaire des timides, des ignorans, et qui, malgré ses suites souvent funestes, n'est pas même bannie des hôpitaux d'Alfort. On sera peut-être étonné de me voir insister sur ce principe si simple et si généralement admis dans la bonne chirurgie, principe qui devrait être également adopté en art vétérinaire. La compression, qui n'est bonne que dans certains engorgemens des capillaires veineux, lorsqu'elle est faite par une main habile, est appliquée presque à toutes les plaies simples pour empêcher une légère effusion de sang : l'expérience et le raisonnement ont beau prouver que cette compression borne, suspend même le jeu des propriétés vitales des tissus, qu'elle s'oppose à la formation du pus, au dégorgement de la plaie et à la cicatrisation, que quelquefois même elle provoque la gangrène; la routine, le préjugé l'emportent, on continue de comprimer.

La cautérisation est nulle et sans effets, si l'artère ouverte est d'un calibre assez considérable : le fluide sanguin qu'elle projette, parvenant toujours à dérober la bouche ouverte de l'artère et à refroidir promptement le cautère, la ligature est dans ce cas le seul moyen ; il importe même de l'employer sans perdre un temps précieux, si on veut sauver l'animal.

Le feu est très-efficace pour empêcher, pour borner la gangrène : pour qu'il agisse avec le succès désirable, il faut enlever préalablement les tissus frappés de mort et l'appliquer sur ceux qui conservent encore, quoique faiblement, les propriétés vitales ; alors il s'établit un cercle rougeâtre entre les parties vivantes et gangrenées, disposition favorable qu'il faut entretenir en sollicitant dans les tissus sains le degré d'action nécessaire pour séparer les parties mortes et s'opposer aux progrès ultérieurs de la gangrène. Si on se contente de couvrir de raies ou de pointes de feu les tumeurs gangreneuses, on favorise l'absorption de la matière morbifique, et, loin de borner la maladie, elle se propage sur les parties saines.

Ces préceptes s'appliquent très-bien à la curation des tumeurs charbonneuses, dont on se rend plus facilement le maître par la cautérisation, après toutefois qu'on a extirpé leur noyau générateur et scarifié profondément les parties environnantes.

On assure la fixité des tumeurs critiques, on empêche leur métastase, en les ouvrant avec le cautère actuel; il est même d'une bonne pratique de les environner d'une ou deux raies de feu, pour établir ce type inflammatoire qui précède toujours une suppuration louable.

Pour borner les tumeurs charbonneuses, surtout à la langue, pour séparer promptement les parties gangrenées de celles qui sont encore saines, la cautérisation est le moyen le plus rapide, le plus énergique et dont l'action se soutient plus long-temps.

D'après ce que nous venons d'exposer, on doit penser que le vétérinaire instruit soumet l'application du feu à des règles précises, qu'il en règle la quantité et l'activité, suivant l'irritabilité des sujets, suivant le degré de sensibilité des organes; il a soin surtout de diminuer la douleur, l'inflammation par des procédés convenables, et de n'appliquer le feu qu'après la disparution des symptômes inflammatoires : les animaux d'un tempérament irritable méritent surtout cette attention, tandis qu'elle est peu importante pour ceux à constitution molle, lymphatique : c'est dans ces derniers sujets que le feu produit les effets les plus salutaires et les plus surprenans.

Le choix de la substance propre à former les cautères actuels roule sur les principes adoptés par la chirurgie humaine, c'est le fer ou l'acier qu'on emploie et qu'on préfère ; on leur donne des formes variables et des noms divers. Les anciens distinguaient cinquante sortes de cautères; les vétérinaires emploient le plus fréquemment ceux dont les noms suivent ;

le cultellaire, l'annullaire, l'olivaire, l'ovoïde, le cautère à bouton, le cautère à grain d'orge, celui à entonnoir; le cultellaire, destiné à tracer des raies de feu sur des organes qu'on veut ménager, doit être d'un poids moyen d'un demi-hectog.; sa bouche a l'épaisseur d'une pièce de cinq francs; elle est arrondie, ses angles ou pans sont détruits avec la lime pour ne pas couper ou entamer la peau ; les formes des autres cautères ne sont pas de la même importance, tout destinés qu'ils sont à brûler, à charbonner les parties, tandis que le cultellaire doit ménager la peau, tout en faisant pénétrer le calorique dans les tissus sous-jacens.

Lorsqu'on cautérise pour charbonner, pour détruire les parties dans les tumeurs gangreneuses, charbonneuses, cancéreuses, farcineuses, dans les plaies venimeuses, dans les hémorragies , etc. , on chauffe le cautère à blanc ou jusqu'à l'incandescence : il est bien reconnu que, dans ces circonstances, son action est plus prompte, plus efficace et moins douloureuse; ainsi, plus le fer est chaud, plus il agit comme escarrotique : il en est bien autrement du feu appliqué comme tonique, comme

stimulant, comme résolutif; plus il est introduit lentement dans les tissus, mieux il les pé-
nètre, et, par une suite nécessaire, plus il
produit une réaction salutaire sur les tissus,
dont il ranime les propriétés vitales languis-
santes. Ainsi, dans ce dernier cas, le cautère
cultellaire, appliqué trop chaud, brûlerait la
peau, la désorganiserait, et l'escarre formée
deviendrait un obstacle à la transmission d'une
nouvelle quantité de calorique lorsqu'on pas-
serait de nouveau le cautère dans les raies ou
parallèles, ou divergentes, qu'on trace sur les
parties soumises à la cautérisation : le fer,
chauffé seulement jusqu'à la couleur de cerise, et qui, en sortant du foyer, perd de suite
cette couleur éclatante pour en prendre une
éteinte, remplit donc cette indication. Voilà
deux principes essentiellement différens sur la
cautérisation, principes qui dirigent toujours
le vétérinaire, et sur lesquels il importe d'insister.

Le dessin de la cautérisation est d'une faible
importance : les uns préfèrent les raies parallèles, des pattes d'oie; les autres des médaillons,
des lyres, des roues, etc. Les principes sur
lesquels on doit insister sont que les points de

ces raies ou lignes tangentes ne forment pas des angles aigus, et que les raies soient assez espacées entre elles, si on ne veut pas s'exposer à voir les bandes de la peau ainsi environnées près à près par les raies de feu, se crevasser, se détacher même, et former des cicatrices défectueuses propres à changer la nature de ce tissu cutané : en mettant plus d'espace entre chaque raie, si on veut augmenter l'action du calorique, on dissémine des pointes de feu dans les intervalles des lignes qui requièrent une plus forte dose de ce stimulus, tels que les aponévroses, les tendons et leurs graines. La peau qui recouvre les éminences osseuses, celle qui forme les plis d'articulation, celle qui a déjà perdu sa douceur, sa souplesse par des cicatrices défectueuses, méritent beaucoup de ménagemens ; le cautère doit y passer rapidement et légèrement. On reconnaît que la partie cautérisée est suffisamment pénétrée de calorique lorsque le fond des raies ou pointes tracées réfléchit une couleur jaune dorée, et surtout lorsqu'on y aperçoit une multitude de petites gouttelettes de liquide perspirable, qui transude par les porosités de la peau mise à nu par la cautérisation : c'est surtout ce dernier caractère qu'il ne faut pas négliger ; en poussant plus loin l'action du feu, on charbonne, on détruit la peau ; elle perd sa souplesse et sa couleur, elle devient noire, sèche, peu extensible et criblée de porosités : une main légère qui promène successivement et doucement le cautère chauffé avec soin, l'attention de repasser à certains intervalles dans les raies pour ne pas y accumuler trop de calorique à la fois, un œil observateur et exercé, le soin d'appliquer sur les raies de feu un peu de populeum avant de tracer le dernier feu, pour entretenir la souplesse de la peau et faciliter la chute de l'escarre, tels sont les moyens d'éviter toute espèce d'accidens.

Malgré tous les avantages incontestables du feu et les effets bien manifestes qu'il produit en redonnant aux chevaux usés, ruinés, une nouvelle force et la liberté des mouvemens, il est des propriétaires qui refusent ce moyen souverain de guérison de leurs chevaux, à cause des traces qu'il laisse de son application. Lorsque ces traces ne consistent que dans la déviation du poil, suivant le trajet des raies et dans son changement de couleur, on ne peut en accuser l'artiste ; mais si les raies sont marquées par des durillons de la peau dénudée de poils, si, au lieu de se rapprocher de la perpendiculaire, elles sont transversales, irrégulières ; si la main qui doit soutenir doucement le cautère sur la partie, l'applique avec force, s'il est trop chaud, si sa bouche est tranchante, âpre, irrégulière, on ne doit accuser alors que la maladresse ou l'ignorance de l'opérateur, et c'est ce qui arrive au très-grand nombre des maréchaux qui mettent le feu sans aucun principe et guidés par une routine aveugle. En général, plus la peau est brûlée, désorganisée, moins les effets du feu sont salutaires, satisfaisans, et, par conséquent, moins on a introduit profondément le calorique, moins la fièvre de réaction qu'il produit est étendue, moins il agit en fortifiant, en stimulant les organes. J'ai appliqué le feu jusqu'à trois fois aux mêmes chevaux, et toujours avec un grand succès : c'est surtout dans le service des postes, des messageries, qu'on ne peut trop user de ce moyen incomparable de redonner de la force et des aplombs aux chevaux usés ruinés sur leurs jambes. Je dois observer que le feu ne borne pas ses bons effets aux parties où on l'applique ; il agit par suite sur l'état de l'animal, et voici comment on peut expliquer ce résultat : le cheval ruiné se fatigue beaucoup plus dans un travail donné qu'un autre cheval qui a ses aplombs, sa liberté de mouvemens ; cette fatigue agit d'une manière générale sur l'individu qui se nourrit moins bien, qui est dans un état constant de douleur, de là son amaigrissement et la faiblesse croissante de ses moyens : il n'est donc pas surprenant de voir cet animal épuisé reprendre sa force, son embonpoint, avec la liberté, la souplesse de ses membres après l'application du feu : c'est un fait d'observation presque général.

J'ai adopté un nouveau mode d'appliquer le feu comme tonique, comme stimulant, et mes premiers essais datent de 1796. Un officier général de l'armée du Nord avait un cheval de race qui portait au jarret droit un capelet considérable ; je proposai le feu comme le seul moyen de guérison, mais inutilement ; l'officier, qui était très-attaché à son cheval, rejeta ce moyen à cause des traces qu'il laisse de son application ; j'employai inutilement les autres toniques, les autres stimulans, il fallait de nécessité recourir à mon premier moyen, dont je cherchai à rendre les traces moins sensibles ;

j'imaginai d'appliquer le feu par contact médiat, je me servis d'un gant à la Crispin, dont
j'enveloppai la pointe du jarret malade et je
traçai mes raies sur sa surface; j'insistai plus
long-temps que de coutume sur l'application
du cautère, ayant soin de remarquer ses effets;
je m'aperçus que j'avais saturé suffisamment la
partie de calorique, lorsque de petites phlyctènes se montrèrent sur la surface cautérisée :
ce caractère bien simple et bien tranchant m'a
toujours guidé depuis dans ce nouveau moyen
d'appliquer le feu.

Les résultats de cette première tentative ont
été tellement avantageux, tellement satisfaisans,
que je me suis décidé à préférer, dans beaucoup de cas, ce moyen, que j'ai soumis ensuite
aux principes suivans : J'ai substitué la couenne
de lard fraîche au gant à la Crispin; elle trans-
met mieux le calorique et le distribue plus également sur la partie qu'elle protège. J'ai fait
quelques modifications au cautère cultellaire;
il a plus d'épaisseur que dans la méthode ordinaire, sa bouche a le double de diamètre, il
est chauffé à quelques degrés de plus; je l'applique plus long-temps, et je ne cesse l'opération que lorsque j'aperçois des phlyctènes éga-

lement espacées sur la surface cautérisée : cette méthode d'opérer est plus lente, exige plus de temps, mais ces inconvéniens disparaissent devant les avantages bien constatés de ne pas laisser la moindre trace d'application du feu et de donner le même degré d'action et de vie aux organes ; elle doit être préférée, surtout comme moyen de guérison des vessigons, des molettes, des capelets dans de jeunes chevaux ou dans des animaux précieux qui perdraient de leur valeur s'ils portaient les traces du feu. J'ai cautérisé, d'après cette méthode, les quatre jambes de plusieurs chevaux ; j'ai obtenu les mêmes effets que dans la méthode ordinaire, quant à la force que le feu imprime aux organes, et j'ai eu la satifaction de ne pas laisser le moindre vestige de son application , mérite incontestable qui doit faire adopter mon procédé dans beaucoup de circonstances. Les vétérinaires sortis d'Alfort depuis plusieurs années ont été à portée de connaître et d'apprécier ma méthode : je sais que le plus grand nombre en a fait l'application avec le même succès que moi. Je n'attache d'autre importance à ce perfectionnement que celle de l'utilité. Je pense que la chirurgie humaine pourrait tirer aussi un grand avantage de ma méthode , qui est moins effrayante pour le malade auquel on propose d'appliquer le feu : il me serait agréable d'être utile à la triste humanité, et de lui épargner quelques souffrances.

Je terminerai par l'exposé de quelques principes ou règles d'hygiène dans l'application du feu. Les animaux irritables ont besoin d'être préparés par un régime diététique ; on évite de cautériser, en une seule séance, une trop grande surface, dans la crainte fondée d'exalter trop fortement les propriétés vitales et d'avoir une fièvre de réaction qu'on ne pourrait pas borner facilement : c'est ainsi que lorsqu'on se décide à mettre le feu aux quatre jambes d'un cheval vigoureux, et surtout irritable, il est prudent de faire cette opération en quatre séances , ou au moins en deux, avec un intervalle de douze à quinze jours entre chaque application. Quand l'animal est moins impressonnable, on met le feu à deux jambes en même temps, et , au lieu de l'appliquer sur le bipède antérieur ou postérieur à la fois, on cautérise un des bipèdes diagonaux, ce qui

laisse une jambe libre de devant et derrière
pour supporter l'animal, tandis que le feu mis
en même temps aux deux membres antérieurs
ou postérieurs, pourrait déterminer la fourbure ou toute autre maladie grave : l'accident
dont nous parlons serait bien plus certain,
bien plus grave dans ses suites ; si on cautérisait
les quatre jambes en une seule fois, la mort de
l'animal serait presque certaine. La cautérisation, excepté celle qui est élective, se pratique
dans toutes les saisons ; cependant en hiver,
le froid rigoureux est nuisible, il empêche
l'action de feu, en jetant la peau et les tissus
sous-jacens dans la torpeur et l'engourdisse-
ment : on doit attendre, s'il est possible, une
température plus douce ou tout au moins garantir l'animal, et surtout la surface cautérisée,
des effets nuisibles du froid. En été, le feu agit
bien, mais les insectes ailés tourmentent le
cheval et le font maigrir, si on ne le met pas
à l'abri de leurs insultes, en ne l'exposant à
l'air libre que le matin et le soir, et en le ren-
fermant dans un lieu obscur que n'aiment pas
les insectes. Le printemps et l'automne sont les
saisons préférables, surtout la première, qui

permet l'usage du vert, le meilleur régime qu'on puisse donner à l'herbivore pendant toute la durée de la cautérisation : pendant son action, surtout dans les premiers huit jours de l'application du feu, on tient le cheval à un régime sage et tempérant ; l'eau chargée de farine d'orge, ou autre grain (eau blanche), forme sa boisson ; quelques lavemens d'eau tiède, si la stercoration est pénible : une demi-ration d'alimens, paille, foin, avoine, le pansement régulier de la main, excepté sur la partie cautérisée, très-peu de promenade dans les premières journées ; un exercice léger, surtout le matin et le soir à la rosée, pour assouplir la peau ; de préférence le régime du vert en liberté, telles sont les précautions hygiéniques à observer.

Si le feu produit une réaction fébrile trop forte, un engorgement trop considérable, surtout dans un jeune sujet vigoureux, pléthorique ; une diète aqueuse, des lavemens, des lotions émollientes sur toutes les parties cautérisées, et, dans des cas pressans, une saignée et des bains tièdes, voilà les moyens de modérer l'exaltation des propriétés vitales; au contraire, la fièvre locale n'est-elle pas suffisante, l'inflammation des tissus cautérisés n'est-elle pas portée au degré convenable , des bains aromatiques, des frictions, des charges stimulantes, les vésicatoires ajouteront à l'activité du calorique et produiront l'effet désiré ; dans les derniers temps de l'action du feu, quelquefois l'engorgement des tissus persiste, alors les frictions résolutives, ou l'emploi des moyens cités plus haut, remplissent l'indication.

Les effets du feu sont lents dans certains sujets; en général, ils ne sont apercevables qu'au bout des six semaines ou deux mois qui suivent la cautérisation : ce n'est qu'après cet intervalle que l'animal est fortifié dans les articulations. Il faut donc ménager le cheval dans les premiers mois qui suivent l'opération : si on le fatigue , on empêche les bons effets du feu. On voit les vétérinaires instruits prescrire un exercice doux, la charrue, la herse, aux chevaux qu'ils ont cautérisés. Quelques sujets éprouvent des démangeaisons aux parties cautérisées; à l'époque de la chute des escarres , il survient même une éruption érysipélateuse : des lotions, des bains aromatiques, la promenade dans les prés lorsque la rosée les couvre, préviennent ou suspendent ces accidens, mais il est très-nécessaire de prévoir ces démangeaisons qui déterminent l'animal à se frotter, à se gratter, à mordre la partie, disposition qui produit une cicatrice défectueuse : la nouvelle méthode de mettre le feu par le moyen d'une chausse ou peau intermédiaire, préviendrait cet inconvénient fâcheux.

FIN.

TABLE

DES MATIÈRES.

PREMIÈRE SÉRIE.

DEUXIÈME SÉRIE.

Substances propres à remplacer les alimens ordinaires dans les temps de disette ou de rareté de fourrages.

PREMIÈRE SERIE.

DEUXIÈME SERIE.

FIN DE LA TABLE DES MATIÈRES.

9 782329 586717